工业机器人概论

主编　金凌芳　许红平

职业技能培训丛书
浙江省职业技能教学研究所　组织编写

浙江科学技术出版社

图书在版编目(CIP)数据

工业机器人概论 / 金凌芳，许红平主编；浙江省职业技能教学研究所组织编写. —杭州：浙江科学技术出版社，2017.8（2022.1 重印）

（职业技能培训丛书）

ISBN 978-7-5341-7512-1

Ⅰ. ①工… Ⅱ. ①金… ②许… ③浙… Ⅲ. ①工业机器人—技术培训—教材 Ⅳ. ①TP242.2

中国版本图书馆 CIP 数据核字(2017)第 111995 号

丛书名	职业技能培训丛书		
书名	工业机器人概论		
组织编写	浙江省职业技能教学研究所		
主编	金凌芳 许红平		
出版发行	浙江科学技术出版社 邮政编码：310006 杭州市体育场路 347 号 办公室电话：0571-85062601 销售部电话：0571-85171220 网 址：www.zkpress.com E-mail：zkpress@zkpress.com		
排版	杭州大漠照排印刷有限公司		
印刷	浙江新华数码印务有限公司		
经销	全国各地新华书店		
开本	787×1092 1/16	印张	8.25
字数	186 000		
版次	2017 年 8 月第 1 版		2022 年 1 月第 2 次印刷
书号	ISBN 978-7-5341-7512-1	定价	26.00 元

责任编辑 罗 璀　　责任校对 张 宁

责任美编 孙 菁　　责任印务 崔文红

本册编写小组

主　　编　金凌芳　许红平

副 主 编　毛雷飞　张　祺

编 著 者　毛雷飞　戴黄峰　张　祺　金凌芳　潘明来　冯玖强

　　　　　章灵敏　兰新花　朱巍巍

主　　审　陈　立　周根兴　李震球　虞嘉丞　张小德

　　　　　王振华　吴浙栋　孟广毅

前　言

职业技能培训是提高劳动者技能水平和就业创业能力的主要途径。大力加强职业技能培训工作，建立健全面向全体劳动者的职业技能培训制度，是实施扩大就业的发展战略，解决就业总量矛盾和结构性矛盾，促进就业和稳定就业的根本措施；是贯彻落实人才强国战略，加快技能人才队伍建设，建设人力资源强国的重要任务；是加快经济发展方式转变，促进产业结构调整，提高企业自主创新能力和核心竞争力的必然要求；是推进城乡统筹发展，加快工业化和城镇化进程的有效手段。为认真贯彻落实全国、全省人才工作会议精神和《国务院关于加强职业培训促进就业的意见》《浙江省中长期人才发展规划纲要（2010—2020 年）》，切实加快培养适应我省经济转型升级、产业结构优化要求的高技能人才，带动技能劳动者队伍素质整体提升，浙江省人力资源和社会保障厅规划开展了职业技能培训系列教材建设，由浙江省职业技能教学研究所负责组织编写工作。本系列教材第六批共 7 册，主要包括药膳制作实用技术、工业机器人传感技术及应用、工业机器人概论、网络创业实训指导手册、母婴护理员培训教程（基础知识、基本技能）、技工院校学生创新创业素养教育读本等地方产业、新兴产业以及特色产业方面的技能培训教材。本系列教材针对职业技能培训的目的要求，突出技能特点，便于各地开展农村劳动力转移技能培训、农村预备劳动力培训等就业和创业培训，以及企业职工、企业生产管理人员技能素质提升培训。本系列教材也可以作为技工院校、职业院校培养技能人才的教学用书。

随着劳动力的结构性短缺以及劳动力成本的急剧上升，我国劳动力红利时代即将结束，迫切需求产业转型升级。近几年我国工业机器人以超过 44%的年增长率快速增长，工业机器人的市场应用呈井喷态势，预计到 2020 年我国工业机器人保有量将增至 50 万—60 万台。《国家中长期科学和技术发展规划纲要（2006—2020 年）》和《机器人产业发展规划（2016—2020 年）》中将机器人作为未来优先发展的战略方向，大力发展机器人产业，对于打造中国制造新优势，推动工业转型升级，加快制造强国建设已成为趋势。然而，机器人技术人才紧缺，“数十万高薪难聘机器人技术人才”已经成为当今社会的热点问题，因此加快机器人技术人才的培养是当务之急。

目前，各技工院校和职业院校争先恐后地开设工业机器人相关专业和课程，但缺乏相应的师资和配套的教材，也缺少课程教学资源。在这样的背景下，浙江省职业技能教学研究所协同浙江省内部分技工院校、知名机器人生产企业和研究所组建了“工业机器人教学联盟”，组织单位联合开发了工业机器人技术专业系列教材。《工业机器人概论》由联盟单位杭州萧山技师学院、嘉兴技师学院牵头编写。

本书是针对工业机器人应用与维护专业入门课程开发的教材，适合技工院校和高等职业院校使用，也可作为面向社会高技能人才的培训教材，目的是让学生了解工业机器人的发展历程和行业中的应用，工业机器人的基本结构及主要部件，对工业机器人的机械结构、驱动系统、控制系统及传感系统进行概括性介绍。本书从一名初学者的视角出发，合理安排知识和技能，通过参观现场、动手操作、实例展示等途径，让学生对工业机器人有一个系统的、全面的了解，激发其学习兴趣，坚定其职业理想，为以后学习工业机器人应用与维护专业的其他课程奠定基础。

本书的编写理念是以能力为本位，以就业为导向，以培养学生综合职业能力为核心，注重各种能力训练之间的衔接与互补。本书采取传统教学和项目教学两种教学结构有机结合的编写方式，体现“行动导向”的教学理论和“以学生为中心”的教学思想。

本书在编写的同时开发了丰富的课程教学资源，分为：主教学资源，包括纸质教材、多媒体课件、微视频等；实践教学资源，包括实训平台、工程案例等；网络教学资源，包括网络下载、云教学服务平台等。建议在配有网络的多媒体教室进行教学，教学方法可采取小组讨论、任务驱动等，并引导学生网上搜索资料进行自主学习、探究学习和合作学习等。本书的具体内容、课时分配和任务目标安排见下表，可供读者参考。

学习领域	工作任务	课时	任务目标
项目一 走近工业机器人	1. 工业机器人的发展回顾	1	1. 查找资料认识机器人的起源与发展历程 2. 会区分机器人和工业机器人 3. 能说出工业机器人的主要分类、结构组成及技术参数 4. 通过参观企业和网上搜索明确目前工业机器人的知名品牌、应用领域及发展前景 5. 激发学生对本专业的学习兴趣
	2. 工业机器人的分类与生产企业	1	
	3. 工业机器人的基本组成与主要参数	2	
	4. 工业机器人的应用领域	1	
	5. 参观工业机器人应用企业（实训工场）	2	
项目二 认识工业机器人的机械结构	1. 手部结构（末端执行器）	2	1. 认识工业机器人的机械结构系统由基座、手臂、手腕、手部四大部分组成 2. 区分各部分的作用和分类 3. 能说出自由度、坐标型结构等重要概念 4. 会探究工业机器人内部机械结构，为后续学习拆装与编程做好知识和技能铺垫
	2. 手腕结构	2	
	3. 手臂结构	2	
	4. 基座结构	2	
	5. 观看六轴工业机器人的机械结构	2	

续表

学习领域	工作任务	课时	任务目标
项目三 观察工业机器人的驱动控制系统	1. 驱动系统	2	1. 会区分工业机器人驱动系统组成 2. 能区分驱动装置的特点和应用场合 3. 能说出工业机器人控制系统的特点、分类和主要功能 4. 会画图说明工业机器人的控制系统组成 5. 能认识机器人常用示教器产品 6. 通过观察控制系统和示教器结构，为学习工业机器人电路和编程打基础
	2. 控制系统	2	
	3. 人机交互系统及机器人语言	1	
	4. 观察六轴工业机器人的控制系统	2	
项目四 辨识工业机器人的传感器系统	1. 工业机器人传感器概述	1	1. 记住工业机器人传感器的作用、分类名称 2. 能区分工业机器人内部传感器的类型、作用，了解工作原理 3. 能区分工业机器人外部传感器的类型、作用，了解外部传感器工作原理 4. 观察和辨识工业机器人在生产线上的传感器，为自动化生产线集成应用打基础
	2. 内部传感器	2	
	3. 外部传感器	2	
	4. 辨识焊接工业机器人传感器系统	2	
项目五 走进工业机器人职场	1. 工业机器人应用领域的市场调查	2	1. 通过调查分析，了解工业机器人的市场需求和发展前景 2. 明晰工业机器人应用与维护专业学习目标，坚定专业理想 3. 科学合理地制订职业生涯规划，为专业成长做好心理准备
	2. 工业机器人应用与维护专业人才需求的调研	2	
	3. 工业机器人专业人员职业生涯规划	2	

本书由金凌芳、许红平担任主编并统稿，毛雷飞、张祺担任副主编，由陈立、周根兴、李震球、虞嘉丞、张小德、王振华、吴浙栋、孟广毅担任主审，具体编写分工为：项目一由毛雷飞、戴黄峰编写，项目二由张祺、毛雷飞编写，项目三由金凌芳、潘明来编写，项目四由金凌芳、冯玖强、章灵敏编写，项目五由金凌芳、兰新花、朱巍巍编写。本书在编写过程中得到了杭州新松机器人自动化有限公司、浙江亚龙科技集团、浙江智能机器人研究院等单位专家的热情指导，得到了杭州萧山技师学院、嘉兴技师学院、宁波第二技师学院、浙江交通技师学院等学院领导的鼎力支持，在此表示感谢！

由于水平有限，书中难免存在不足之处，敬请读者批评指正。

浙江省职业技能教学研究所

2016 年 10 月

Contents

目录

工业机器人概论

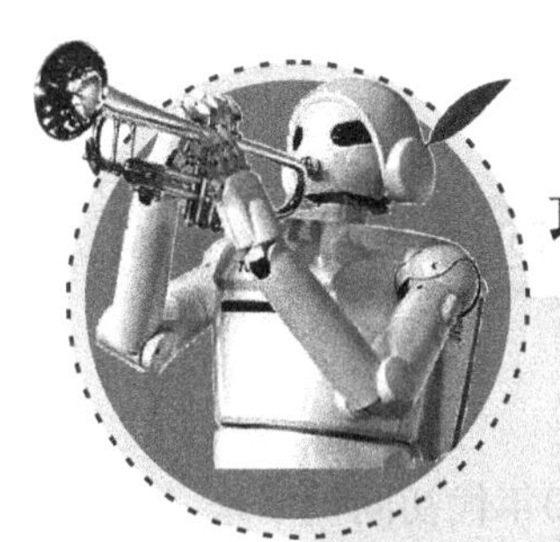

项目一　走近工业机器人

机器人的问世改变了人们的生活、工作方式，使人类社会迈向智能化、信息化时代。当前，世界各国都积极发展新科技生产力，以提高国家竞争实力，而工业机器人是当今科技发展的新重点，工业机器人行业发展将进入一个前所未有的高速发展期。本项目是工业机器人专业课程学习的开篇项目，将扼要阐述机器人的起源与发展历程，机器人和工业机器人的定义，工业机器人的分类、结构组成及技术参数，目前国内外工业机器人的知名品牌及相关生产厂家，工业机器人的应用领域和发展前景。通过本项目学习，我们一起去揭开工业机器人的神秘面纱。

扫码看本项目 PPT

扫码看本项目视频

1.1 工业机器人的发展回顾

机器人作为20世纪人类最伟大的发明之一，自20世纪60年代初问世以来，经历了近60年的发展，已取得了显著成果。走向成熟的工业机器人，各种用途的特种机器人的实用化，昭示着机器人灿烂的明天。

一、机器人的定义

什么是机器人呢？至今科学家们对机器人的定义仍然是仁者见仁，智者见智，没有统一的意见。

美国国家标准局1981年提出的定义是："一种机械装置。在对其编程之后，可以完成某些依自动控制指令进行的制造工作和搬运工作。"

苏联标准化组织的定义是："一种可编程序的多功能执行机构，它被使用于通过各种已经编程的动作，来搬运金属部件、工具或特殊装置，完成各种任务。"

日本科学家以"自动性、智能性、个体性、半机械半人性、作业性、通用性、信息性、柔性、有限性、移动性"这10个特性来描述机器人的形象。

1984年，国际标准化组织(ISO)通过的定义是：机器人是一种自动控制下的通过编程可完成某些操作或移动作业的机器。为什么机器人的定义至今没有明确？原因之一是机器人还在发展，新的机型、新的功能不断涌现，领域不断扩展。根本原因是因为机器人涉及人的概念，成为一个难以回答的哲学问题。就像机器人一词最早诞生于科幻小说之中一样，人们对机器人充满了幻想。也许正是由于机器人定义的模糊，才给了人们充分的想象和创造空间。

二、机器人的发展回顾

1886年法国作家利尔·亚当在他的小说《未来的夏娃》中将外表像人的机器起名为"安德罗丁"(Android)，它具有平衡、步行、发声、感觉、表情和调节运动等生命系统，关节能自由运动，身体能摆动各种形态，外形、肤色、轮廓、头发、视觉、牙齿和手爪等与人类相似。1921年机器人的英语单词"Robot"由捷克剧作家卡尔·恰佩克(Karel Capek)在他的剧本《罗萨姆的万能机器人》中创造，是由捷克语"Robota"而来的。"Robota"的捷克语意是奴隶，能为主人提供服务或劳动。目前，对机器人的普遍定义是：机器人是一种自动化的机器，所不同的是这种机器具备一些与人或生物相似的智能能力，如感知能力、规划能力、动作能力和协同能力，是一种具有高度灵活性的自动化机器。

20世纪中叶，近代机器人技术迅猛发展。第一代机器人是遥控操作的机器人，它不能离开人的控制独自运动。1947年美国阿尔贡研究所开发了遥控机械手。1948年又开发了机械耦合的主从机械手，当操作员控制主机械手做运动时，从机械手可准确地模仿主机械手的运动。第二代机器人是可编程的机器人。1954年美国人乔治·沃尔德(George Wald)制造出世界上第一台可编程的机器人,机器人的机械手能按照不同的程序从事不同的运作,可以脱离控制人,能独立自主地进行操作。第三代机器人是智能机器人。它能利用各种传感器、测量器自主感知环境信息,利用智能技术进行识别、理解、推理,自主运行完成工作任务。发明第一台机器人的正是享有"机器人之父"美誉的恩格尔伯格先生。恩格尔伯格是世界上最著名的机器人专家之一,1958年他建立了Unimation公司,并于1959年研制出了世界上第一台工业机器人。1962年美国Unimation公司的第一台机器人Unimate问世,它由计算机控制液压装置来驱动机械手运作,抓取物件进行压铸作业,计算机装有存储信息的磁鼓,能够记忆完成180个工作步骤,如图1-1所示。

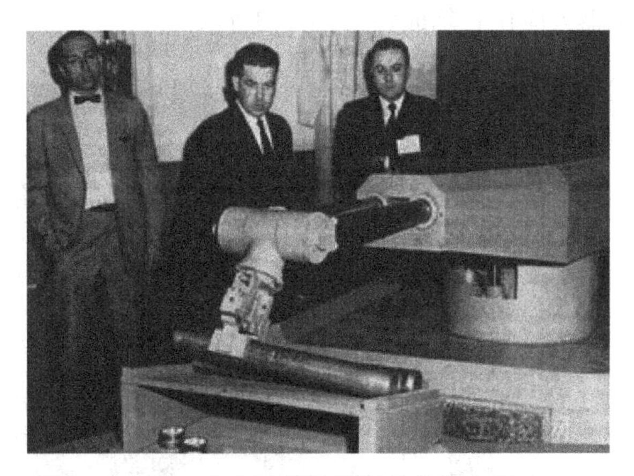

图 1-1 第一台由计算机控制的机器人 Unimate

同年,美国机械与铸造公司也制造出工业机器人,称为"Versatran Transfer",意思是"万能搬动",其机械手可以绕底座回旋、沿垂直方向升降,也可以沿半径方向伸缩,如图1-2 所示。

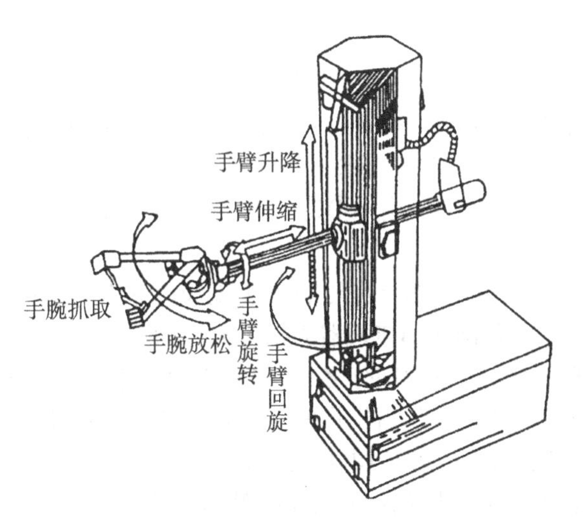

图1-2 Versatran Transfer机器人动作示意图

三、工业机器人的发展回顾

20世纪70年代，随着计算机控制技术和人工智能的发展，机器人的研制水平得到了快速提升，机器人在工业生产中逐步推广应用。工业机器人延伸和扩大了人的手足和大脑功能，它可代替人从事危险、有害、有毒、低温和高热等恶劣环境中的工作；代替人完成繁重、单调的重复劳动，提高劳动生产率，保证产品质量。1974年Cincinnati Milacron公司推出第一台工业机器人“The Tomorrow Tool”，它能举起45kg的物体，并能跟踪装配流水线上的移动物体。1975年IBM公司研究出带有触觉和力觉的传感器，由计算机控制的机械手可以完成20个零件的打字机装配工作。1979年Unimation公司研究出第一台通用型工业机器人PUMA，标志着工业机器人应用日趋成熟，如图1-3所示。

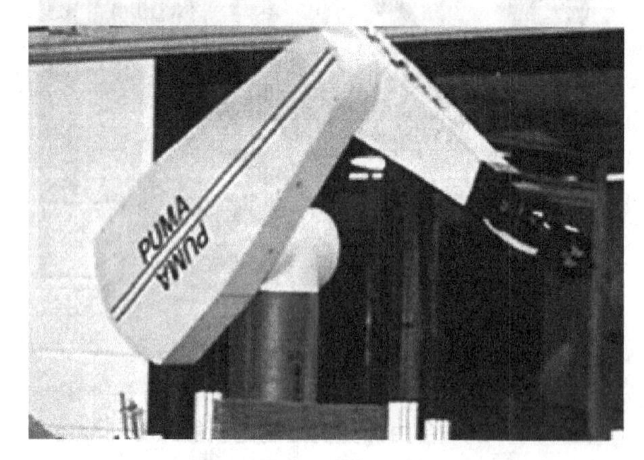

图 1-3　第一台通用型工业机器人 PUMA

20世纪80年代，日本和西欧国家为了缓解劳动力严重短缺的社会问题，在工业领域，特别是在汽车和电器生产领域大量使用工业机器人，从而推进了机器人的研发。1980年全球用于工业生产的机器人达2万多台，1990年达到30万台左右，2015年全球工业机器人销量突破24万台。

机器人发源地在美国，后因产业转移等原因，忽视了应用开发研究，但美国的机器人技术一直处于世界领先水平。其具体体现在：①性能可靠，功能全面，精确度高；②机器人语言研究发展较快，语言类型多、应用广，水平居世界之首；③智能技术发展快，视觉、触觉等人工智能技术在航天工业中广泛应用；④高智能、高难度的军用机器人、太空机器人等发展迅速。

我国工业机器人起步于20世纪70年代初期，经过近50年的发展，工业机器人现已在越来越多的领域得到了应用。我国2014年机器人销量大约为5.7万台，2015年机器人销量大约为6.6万台，约占全球市场总销量的四分之一，并且连续三年成为全球第一大工业机器人市场。其中，自主品牌工业机器人约占销量的三分之一，但与国际机器人“四大家族”（瑞士ABB、德国库卡、日本发那科、日本安川电机公司）无法形成竞争优势。

我国工业机器人必须突破的技术瓶颈有：①提升国产减速器、交直流伺服电机与驱动器等核心零部件的可靠性、运行精密度，特别是在快速运行时的稳定性和承载能力；

② 提升传感器的灵敏度、可靠性；③开发有自主知识产权的控制系统软件。

国内工业机器人的使用较多集中于汽车行业。就全球平均水平来看，汽车行业的应用约占工业机器人总量的40%，而在我国这一数字目前在60%左右，在毛坯制造(冲压、压铸、锻造等)、机械加工、焊接、热处理、表面涂覆、上下料、装配、检测及仓库堆垛等作业中，机器人已逐步取代了人工。比如，一期投资11.75亿美元的长安福特杭州分公司，是改革开放以来杭州引进的第一个世界级整车项目，拥有600多台机器人，每72s就能生产出一辆汽车。

2015年国务院发布了《中国制造2025》，明确提出把推进智能制造作为“中国制造2025”的主攻方向。新一代信息技术与制造业的深度融合，正在引发新一轮技术革命和产业变革，制造业数字化、网络化、智能化成为这次变革的核心。地处宁波的中银双鹿电池制造有限公司，原来生产一节电池从钢壳投料到完成码垛要经过11道工序，大概耗时1h。现在他们研制成功全球第一条真正实现无人智能生产的电池生产线——“500+”电池生产线，通过互联网输入生产指令，让机器人操控整条生产流水线。在这条生产线上，没有操作工，没有搬运工，全部生产由机器人自动完成，即使把车间的灯全部熄灭，也丝毫不影响生产，开启了中国电池“黑灯生产”新纪元。德国电视7台一行人员专程到双鹿电池拍摄“500+”生产线，他们对这条由“双鹿人”自主研发的无人智能生产线钦佩不已，认为即使在德国，这样的生产线也很少见。表1–1列举了工业机器人发展的重大历史事件。

表 1–1 工业机器人发展的重大历史事件表

年份	领域	事件
1955	理论	丹纳维特(Denavit)和哈顿贝格(Hartenberg)提出了齐次变换
1961	工业	美国专利 2998237，乔治·德沃尔(George Devol)的“编程技术”、“传输”(基于Unimate 机器人)
1961	工业	第一台 Unimate 机器人安装，用于压铸
1961	技术	有传感器的机械手 MH–1，由厄恩斯特(Ernst)在麻省理工学院发明
1961	工业	沃萨特兰(Versatran)圆柱坐标机器人商业化
1965	理论	路昌斯·乔治·罗伯茨(L.G.Roberts)将齐次变换矩阵应用于机器人
1965	技术	麻省理工学院的罗伯茨(Roberts)演示了第一个具有视觉传感器的能识别与定位简单积木的机器人系统
1967	理论	日本成立了人工手研究会(现改名为仿生机构研究会)，同年召开了日本首届机器人学术会
1968	技术	斯坦福研究院发明带视觉的由计算机控制的行走机器人 Shakey
1969	技术	沙因曼(V.C.Sheinman)及其助手发明斯坦福机器臂
1970	理论	在美国召开了第一届国际工业机器人学术会议，1970 年以后，机器人的研究得到迅速广泛的普及
1970	技术	美国电子测试实验室(ETL)发明带视觉的自适应机器人

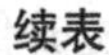
续表

年代	领域	事件
1971	工业	日本工业机器人协会(JIRA)成立
1972	理论	保罗(R.P.Paul)用D-H矩阵计算轨迹
1972	理论	怀特因(D.E.Whiteyn)发明操作机的协调控制方式
1973	工业	辛辛那提·米拉克隆公司的理查德·豪恩制造了第一台由小型计算机控制的工业机器人,它是由液压驱动的,能提升的有效负荷达45kg
1975	工业	美国机器人研究院成立
1975	工业	美国Unimation公司公布其第一次利润
1976	技术	在斯坦福研究院完成用机器人的编程装配
1978	工业	罗斯(C.Rose)及其同事成立了机器人智能公司,生产出第一个商业视觉系统
1980	工业	工业机器人真正在日本普及,故称该年为"机器人元年"。随后,工业机器人在日本得到了巨大发展,日本也因此赢得了"机器人王国"的美称
1984	民用	英格伯格再次推出机器人Helpmate,可在医院里为病人送饭、送药、送邮件
1996	民用	本田推出"拟人机器人P2"
1998	民用	丹麦乐高公司推出机器人(Mind-storms)套件,让机器人制造变得跟搭积木一样相对简单又能任意拼装,使机器人开始进入个人世界
1999	民用	日本索尼公司推出的犬型机器人爱宝(AIBO)当即销售一空,从此娱乐机器人成为目前机器人迈进普通家庭的途径之一
2002	民用	丹麦iRobot公司推出了吸尘机器人Roomba,它能避开障碍,自动设计行进路线,还能在电量不足时自动驶向充电座。Roomba是目前世界上销量最大、最商业化的家用机器人
2006	民用	微软公司推出了微软机器人工作室(Microsoft Robotics Studio),机器人模块化、平台统一化的趋势越来越明显,比尔·盖茨预言家用机器人很快将席卷全球

四、工业机器人的定义及特点

(一)工业机器人的定义

美国机器人协会提出的工业机器人定义为:"工业机器人是用来进行搬运材料、零件、工具等可再编程的多功能机械手,或通过不同程序的调用来完成各种工作任务的特种装置。"

国际标准化组织(ISO)曾于1987年对工业机器人给出了定义:"工业机器人是一种具有自动控制的操作和移动功能,能够完成各种作业的可编程操作机。"

ISO8373对工业机器人给出了更具体的解释:"机器人具备自动控制及可编程、多用途功能,机器人操作机具有三个或三个以上的可编程轴,在工业自动化应用中,机器人的底座可固定也可移动。"

国际标准化组织对工业机器人所下的定义是:“机器人是一种自动的、位置可控的、具有编程能力的多功能机械手,这种机械手具有几个轴,能借助于可编程序操作来处理各种材料、零件、工具和专用设备,以执行种种任务。”

(二) 工业机器人的特点

工业机器人有以下几个显著的特点:

1. 可编程性。生产自动化的进一步发展是柔性启动化。工业机器人可随其工作环境变化的需要而再编程,因此它在小批量、多品种具有均衡高效率的柔性制造过程中能发挥很好的功用,是柔性制造系统中的一个重要组成部分。

2. 拟人化。工业机器人在机械结构上有类似人的行走、腰转、小臂、大臂、手腕、手爪等部分,在控制上有电脑。此外,智能化工业机器人还有许多类似人类的“生物传感器”,如皮肤型接触传感器、力传感器、负荷传感器、视觉传感器、声觉传感器、语言功能等。这些传感器提高了工业机器人对周围环境的自适应能力。

3. 通用性。除了专门设计的专用工业机器人外,一般工业机器人在执行不同的作业任务时具有较好的通用性。比如,更换工业机器人手部末端操作器(手爪、工具等)便可执行不同的作业任务。

4. 多学科性。工业机器人技术涉及的学科相当广泛,归纳起来是机械学和微电子学的结合——机电一体化技术。因此,机器人技术的发展必将带动其他技术的发展,机器人技术的发展和应用水平也可以验证一个国家科学技术和工业技术的发展水平。

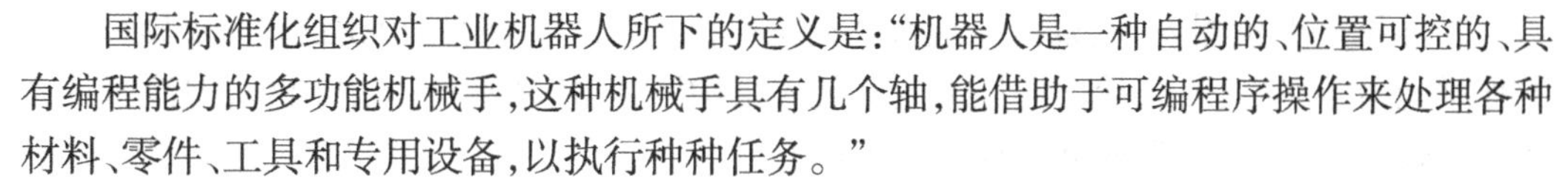

1.2 工业机器人的分类与生产企业

一、工业机器人的分类

我国的机器人专家从应用环境出发将机器人分为两大类，即工业机器人和特种机器人。所谓工业机器人,就是面向工业领域的多关节机械手或多自由度机器人。特种机器人是指除工业机器人之外的用于非制造业并服务于人类的各种先进机器人，包括服务机器人、水下机器人、娱乐机器人、军用机器人、农业机器人等。在特种机器人中,有些分支发展很快,有独立成体系的趋势,如服务机器人、水下机器人、军用机器人、微操作机器人等。目前,国际上的机器人学者从应用环境出发将机器人也分为两类:制造环境下的工业机器人和非制造环境下的服务与仿人型机器人,这和我国的分类是一致的。

工业机器人有驱动方式、机构运动坐标形式、功能用途三种主要分类方法,功能用途分类在“工业机器人的应用领域”这一节中重点介绍,这里介绍前两种分类。

(一) 以驱动方式分类

1. 气动工业机器人。它以压缩空气来驱动操作机构,优点是空气来源方便、动作迅速、结构简单、造价低、无污染;缺点是空气可压缩性大,导致工作速度的稳定性较差,且气源压力一般为6kPa左右,所以工业机器人抓举力较小,一般只有几千克。

2. 液压工业机器人。其以液压缸来驱动操作机构，压力一般为70kPa左右，故具有较大的抓举能力，可达几百公斤。液压工业机器人结构紧凑、传动平稳、动作灵敏，但液压件密封要求较高，不宜在高温或低温环境下工作。

3. 电动工业机器人。其以步进电机、伺服电机来驱动操作机构，是目前用得最多的一类工业机器人。它由电机直接驱动或通过诸如谐波减速器等装置减速后驱动，结构十分紧凑、简单，抓举能力一般有几千克到几十千克。

(二) 以机构运动坐标形式分类

坐标形式是指工业机器人的手臂在运动时所取的参考坐标系的形式。

1. 直角坐标型工业机器人（又称为桁架式机器人）。其运动部分由上下、左右、前后三个相互垂直的直线移动和工作轴的旋转组成，工作空间图形为长方形。它的优点是易于位置和姿态的编程计算、定位精度高、结构简单，但机体所占空间体积大、动作范围小、灵活性差、难与其他工业机器人协调工作，如图1–4所示。

图1–4　直角坐标型工业机器人示意图

2. 圆柱坐标型工业机器人。其通过一个转动和两个移动组成的运动系统来实现，工作空间图形为圆柱体。与直角坐标型工业机器人相比，在相同的工作空间条件下，机体所占体积小而运动范围大。其位置精度仅次于直角坐标型机器人，也难与其他工业机器人协调工作，如图1–5所示。

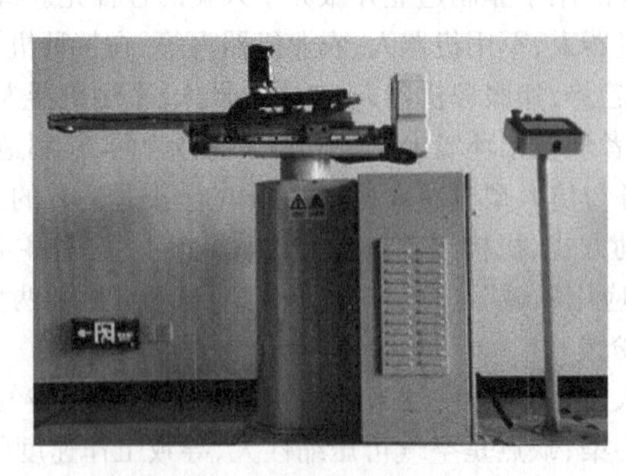

图1–5　圆柱坐标型工业机器人示意图

3. 球坐标型工业机器人(又称极坐标型工业机器人)。其手臂的运动由两个转动和一个直线移动(即一个回转、一个俯仰和一个伸缩运动)所组成,工作空间为一球体,可以做上下俯仰动作,并能抓取放置在地面或较低位置的工件。其位置精度高,位置误差与臂长成正比,如图1-6所示。

图1-6 球坐标型工业机器人示意图

4. 多关节型工业机器人(又称回转坐标型工业机器人)。这种工业机器人的手臂与人体上肢类似。多关节型工业机器人一般由立柱和大、小臂组成,立柱与小臂形成肩关节,小臂和大臂间形成肘关节,可使小臂做回转运动和俯仰摆动、大臂做俯仰摆动。其结构很紧凑、灵活性大、占地面积小、能与其他工业机器人协调工作,但位置精度较低,要注意重心平衡问题。这种工业机器人应用越来越广泛,如图1-7所示。

图1-7 多关节型工业机器人示意图

5. 平面关节型工业机器人。其采用一个移动关节和三个回转关节,移动关节实现上下运动,两个回转关节则控制前后、左右运动,一个回转关节控制摆放的方向。这种形式的工业机器人又称SCARA(Selective Compliance Assembly Robot Arm,具有选择柔顺性的装配机器人手臂)机器人。它在水平方向具有柔顺性,而在垂直方向有较大的刚性。它结构简单,动作灵活,多用于装配作业中,特别适合小规格零件的插接装配,如在电子工业的插接、装配中应用广泛,如图1-8所示。

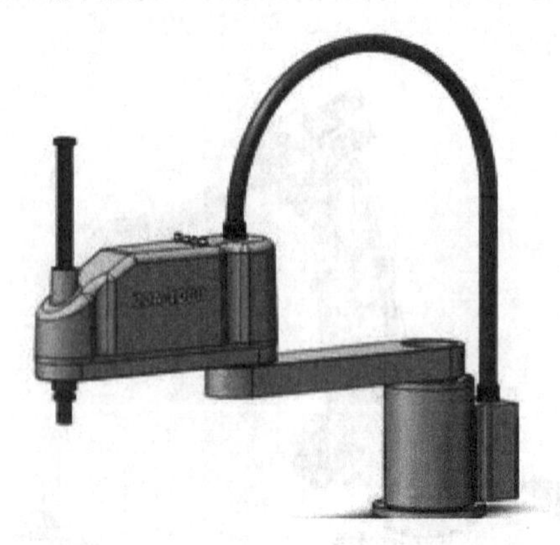

图1-8　平面关节型工业机器人示意图

二、工业机器人主要生产企业

目前国际上工业机器人的产量以日本发那科、瑞士ABB、德国库卡、日本安川为大且产品规格齐全,是我国目前工业机器人的主要供应商。日本和欧洲是全球工业机器人市场的两大主角,实现了传感器、控制器、精密减速机等核心零部件的完全自主化。日本约占全球工业机器人市场60%的份额,欧洲占30%的份额。下面介绍国内外优秀工业机器人生产厂家。

(一)国外优秀机器人生产厂家

1. 日本发那科(FANUC)。发那科成立于1956年,是世界上最大的专业数控系统生产厂家。1976年发那科公司研制成功数控系统,随后又与西门子公司联合研制了具有先进水平的数控系统7,从这时起,发那科公司逐步发展成为世界上最大的专业数控系统生产厂家。发那科是世界上唯一一家由机器人来做机器人的公司,是世界上唯一提供集成视觉系统的机器人企业,是世界上唯一一家既提供智能机器人又提供智能机器的公司。发那科机器人产品系列多达240种,负荷从0.5kg到1 350kg,广泛应用在装配、搬运、焊接、铸造、喷涂、码垛等不同生产环节,满足客户的不同需求,如图1-9所示。

图1-9　日本发那科工业机器人系列产品

2. 瑞士ABB(Asea Brown Boveri)。ABB是一家总部位于瑞士苏黎世的跨国公司,1988年创立于欧洲,1994年进入中国,1995年成立ABB中国有限公司。2005年起,ABB机器人的生产、研发、工程中心开始逐步转移到中国,目前中国已经成为ABB的全球第一大市场。ABB机器人产品和解决方案已广泛应用于汽车制造、食品饮料、计算机和消费电子等众多行业的焊接、装配、搬运、喷涂、精加工、包装和码垛等不同作业环节。

3. 德国库卡(KUKA)。库卡是世界工业机器人和自动控制系统领域的顶尖制造商,总部位于德国奥格斯堡。1973年库卡研发出第一台工业机器人,是世界上第一台机电驱动的六轴机器人。该公司四轴机器人和六轴机器人有效负荷范围达3~1 300kg、机械臂展达350~3 700mm,机型包括SCARA、码垛机、门式及多关节机器人,采用通用PC控制器平台控制。库卡的机器人应用范围包括工厂焊接、操作、码垛、包装、加工或其他自动化作业,同时还适用于医院,如脑外科及放射造影。

4. 日本安川电机(YASKAWA)。安川电机创立于1915年,总部位于日本福冈县北九州市。从日本国内到世界各国,它在焊接、搬运、装配、喷涂以及放置在无尘室内的液晶显示器、等离子显示器和半导体制造的搬运等多个产业领域中都有广泛应用。

5. 松下电器(Panasonic)。松下电器成立于1918年,总部位于日本大阪。松下的机器人事业开始于1997年,松下机器人广泛应用于汽车、摩托车、机车、工程机械、电力设备、家具制造等多个领域。

6. 欧地希(OTC)。OTC公司于1919年在日本大阪市创立,即大阪变压器株式会社,是日本最大的焊接机器人专业生产厂家。OTC焊接机器人是工业机器人的最常见类型,常用于汽车制造机械流水线的规模化制造中,以及汽车车身和其他的焊接。

日本是工业机器人生产大国,除了以上生产厂商外,还有那智不二越(NACHI)、川崎(KAWASAKI)、三菱(MITSUBISHI)等。欧洲也有许多工业机器人生产厂商,如意大利的柯马(COMAU)、瑞士的史陶比尔(Staubli)、奥地利的艾捷默(IGM)等。

(二)国内优秀机器人生产厂家

随着中国工业机器人应用市场的发展成熟,一批有实力的国内机器人生产企业也逐渐成长壮大。

1. 新松机器人自动化股份有限公司。新松机器人自动化股份有限公司创立于2000年,隶属于中国科学院,是一家以机器人独有技术为核心,致力于数字化智能高端装备制造的高科技上市企业。公司的机器人产品线涵盖工业机器人、洁净(真空)机器人、移动机器人、特种机器人及智能服务机器人五大系列。其中,工业机器人产品填补多项国内空白,创造了中国机器人产业发展史上88项第一的突破;洁净(真空)机器人多次打破国外技术垄断与封锁,大量替代进口;移动机器人产品综合竞争优势在国际上处于领先水平,被美国通用等众多国际知名企业列为重点采购目标;特种机器人在国防重点领域得到批量应用。在高端智能装备方面,已形成智能物流、自动化成套装备、洁净装备、激光技术装备、轨道交通、节能环保装备、能源装备、特种装备产业群组化发展。公司以近350亿的市值成为沈阳最大的企业,是国际上机器人产品线最全的厂商之一,也是国内机器人产业的领导企业。新松公司现在有员工1 800余名,75%以上为中高级技术人才。

2. 广州数控设备有限公司(GSK)。广州数控设备有限公司成立于1991年,是国内最大

的机床数控系统研发、生产基地，有科研开发人员800多人，年投入科研经费占销售收入的8%以上。广州数控设备有限公司主营业务为工业机器人，其产品应用于搬运、弧焊、涂胶、切割、喷漆、科研及教学、机床加工上下料等领域。

3. 上海新时达机器人有限公司。上海新时达机器人有限公司是新时达股份全资子公司。2003年新时达收购了德国Anton Sigriner Elektronik GmbH公司，分别在德国巴伐利亚与中国上海设立了研发中心，把全球领先的德国机器人技术引入中国。2013年在上海建立了年产能达2 000台的生产基地。新时达机器人适用于各种生产线上的焊接、切割、打磨抛光、清洗、上下料、装配、搬运、码垛等上下游工艺的多种作业，广泛应用于电梯、金属加工、橡胶机械、工程机械、食品包装、物流装备、汽车零部件等制造领域。

4. 深圳佳士科技股份有限公司。深圳佳士科技股份有限公司成立于2005年，是集逆变焊机、内燃发电焊机、焊割成套设备、机器人自动化设备的研发、生产、销售、服务于一体的国家高新技术企业。佳士科技焊割产品品种齐全，涵盖数字化手工电弧焊机、数字化全功能脉冲氩弧焊机、数字化脉冲交直流方波氩弧焊机、数字化MIG/CO_2焊机、数字化脉冲MIG焊机、逆变埋弧焊机以及各类内燃弧焊机、自动化焊接和切割设备、机器人自动化设备。

5. 南京埃斯顿自动化股份有限公司。南京埃斯顿自动化股份有限公司成立于1993年，目前已经成为国内高端智能机械装备及其核心控制和功能部件制造业领军企业之一。埃斯顿自动化股份有限公司已经形成包括金属成形机床数控系统、电液伺服系统、交流伺服系统、运动控制系统和工业机器人及成套设备等四大类产品。公司拥有全系列工业机器人产品，包括六轴通用机器人、四轴码垛机器人、SCARA机器人、DELTA机器人、伺服机械手、智能成套设备系列，其中标准工业机器人规格为6~300kg，应用领域包括焊接、机械加工、搬运、装配、分拣、喷涂等领域的智能化生产。

6. 上海沃迪自动化装备股份有限公司。上海沃迪自动化装备股份有限公司成立于1999年。沃迪机器人智能装备事业部源于智能食品装备发展趋势的推动，专注于国产工业搬运机器人的研发及产业化，主营产品为码垛机器人和并联机器人。沃迪出品的TPR系列机器人产品被认定为“国家重点新产品”，产品已取得德国TUV集团CE认证，远销欧洲及北美等发达国家，国内外客户数已达300多家，市场覆盖食品、饮料、啤酒、饲料、化工、建材、粮油、医药和家电行业。

7. 广东拓斯达科技股份有限公司。广东拓斯达科技股份有限公司成立于2007年，位于东莞市大岭山镇新塘区新塘新路90号。公司产品结构贯穿了整个注塑辅机、机械手、工业机器人，能一条龙帮助客户完成整厂自动化，包括集中供料、水电气系统、自动取出系统等方案的运用。目前，拓斯达机器人产品主要有搬运、焊接、码垛、装配、涂装、折弯多功能工业机器人、全自动编程机器人和全自动手机面盖打磨抛光机器人等系列。

1.3 工业机器人的基本组成与主要参数

一、工业机器人的基本组成

工业机器人是先进数字化装备,集机械、电子、控制、计算机、传感器、人工智能等多学科高新技术于一体。归纳起来,工业机器人由三大部分、六个子系统组成,三大部分为机械本体(机械手)、传感器部分和控制部分;六个子系统为驱动系统、机械结构系统、感知系统、控制系统、机器人–环境交互系统以及人机交互系统。图1–10所示为工业机器人系统结构框图。

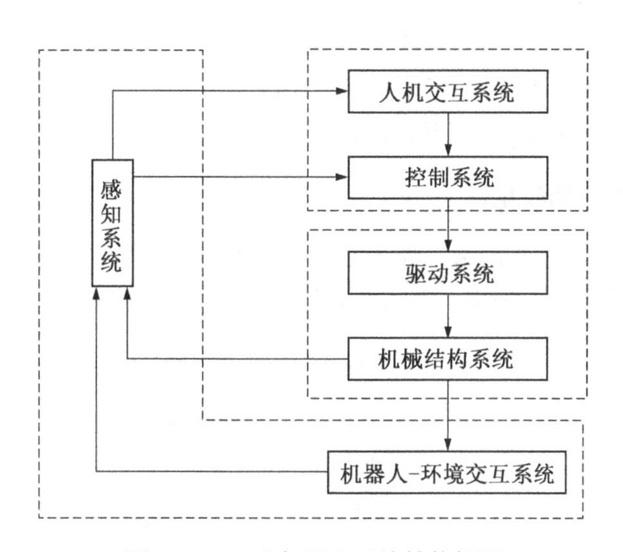

图1–10　工业机器人系统结构框图

1. 驱动系统。要使机器人运行起来，需要给各个关节即每个运动自由度安装传动装置,这就是驱动系统。驱动系统可以是液压、气动或电动的,也可以是把它们结合起来应用的综合系统,还可以是直接驱动或者通过同步带、链条、轮系、谐波齿轮等机械传动机构进行间接驱动的。

2. 机械结构系统。工业机器人的机械结构系统由基座、手臂、手腕、手部(末端执行器)三大件组成,每一大件又都由若干自由度构成一个多自由度的机械系统。若机身具备行走机构,便构成行走机器人。若机身不具备行走及腰转机构,则构成单机器人臂。手臂一般由小臂、大臂和手腕组成。末端执行器是直接装在手腕上的重要部件,它可以是二手指或多手指的手爪。

3. 感知系统。感知系统由内部传感器和外部传感器组成，其作用是获取机器人内部和外部环境信息,并把这些信息反馈给控制系统。内部传感器用于检测各个关节的位置、速度等变量，为闭环伺服控制系统提供反馈信息。外部传感器用于检测机器人与周围环境之间的一些状态变量，如距离、接近程度和接触情况等，用于引导机器人，便于其识别物体并做出相应处理。外部传感器一方面使机器人更准确地获取周围环境情况，另一方面也能起到误差矫正的作用。

4. 控制系统。控制系统的任务是根据机器人的作业指令从传感器获取反馈信号，控制机器人的执行机构，使其完成规定的运动和功能。如果机器人不具备信息反馈特征，则该控制系统称为开环控制系统；如果机器人具备信息反馈特征，则该控制系统称为闭环控制系统。控制系统主要由计算机硬件和软件组成，软件主要由人机交互系统和控制算法等组成。

5. 机器人-环境交互系统。机器人-环境交互系统是实现工业机器人与外部环境中的设备相互联系和协调的系统。工业机器人与外部设备集成为一个功能单元，如加工制造单元、焊接单元、装配单元等。当然，也可以是多台机器人、多台机床或设备、多个零件存储装置等集成为一个去执行复杂任务的功能单元。

6. 人机交互系统。人机交互系统是使操作人员参与机器人控制，并与机器人进行联系的装置，如计算机的标准终端、指令控制台、信息显示板、危险信号报警器等。该系统归纳起来分为两大类:指令给定装置和信息显示装置。

二、工业机器人机械本体

工业机器人机械本体是用来完成各种作业的执行机构，包括机械部件及驱动电机、减速器、传感器等。下面以六轴垂直串联型工业机器人本体为例来说明，如图1-11所示。

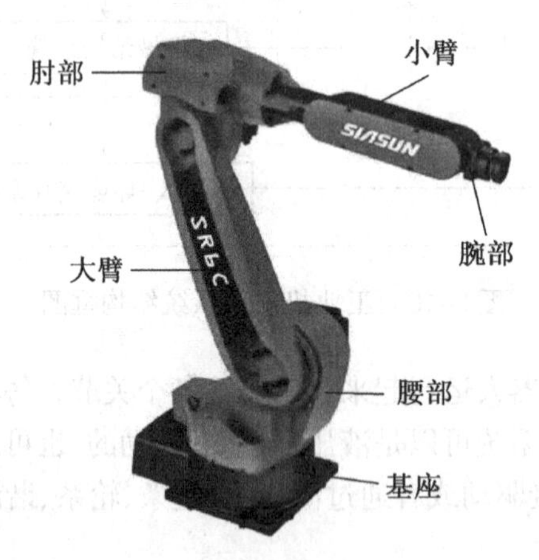

图1-11　六轴垂直串联型工业机器人本体

1. 基座。基座是整个工业机器人的支撑，必须有足够的强度和牢固度，保证机器人能运行平稳。

2. 腰部。腰部连接机器人的大臂下端和基座。腰部可以在基座上回旋，改变整个工业机器人的作业方向。

3. 大臂。大臂连接肘部和腰部。大臂可以在腰部上摆动，可以扩展工业机器人的作业范围。

4. 肘部。肘部连接大臂上端和小臂的中间关节,可以实现大臂与小臂之间的相对运动。

5. 小臂。小臂连接大臂和机械手腕。小臂可以在大臂上摆动,实现手腕的大范围上下俯仰运动。

6. 腕部。腕部用来连接机械手部和小臂,支撑机械手部作业。腕部一般装有回旋关节,可以改变末端执行机构的作业方向。如果机器人作业方向固定不变,腕部可以省略。

六轴垂直串联型工业机器人本体中的六轴是指基座与腰部之间为1轴,腰部与大臂下端之间为2轴,大臂上端与肘部之间为3轴,肘部与小臂之间为4轴,腕部为5轴与6轴。六轴工业机器人可实现灵活运动,主要包括整个回旋、大臂摆动、小臂摆动、手腕回旋和弯曲等,六轴可以同步运行,以加快工业机器人运行的速度,提高工作效率。

三、工业机器人常用附件

工业机器人的常用附件主要是变位器和末端执行机构两大类。变位器用来移动工业机器人本体,扩大工业机器人运行区域;末端执行机构是安装在机器人手部的执行操作机构,与机器人要完成的任务、作业对象密切相关,一般是由工业机器人制造商与用户共同协作制造的。

1. 变位器。根据变位器的运行特点,可以分为回转变位器、直线变位器两大类。单台机器人变位器一般由机器人控制器进行控制,多台机器人的复杂系统变位器由上级控制器进行集中控制。图1-12所示分别为回转变位器和直线变位器,回转变位器由旋转机构和翻转机构构成,可以增加工业机器人的回旋和俯仰度;直线变位器类似机床上的导轨,水平直线移动较为常用。

(a) 回转变位器

(b) 直线变位器

图1-12 变位器

2.末端执行机构。末端执行机构安装在工业机器人手部,如手爪、吸盘等,要求动作灵敏,确保强度和牢固度,一般执行的运作是装配、搬运、包装等,如图1-13所示。

(a) 吸盘

(b) 手爪

图1-13　末端执行机构

四、工业机器人电气控制系统

1. 控制器。控制器是机器人的核心部件，是机器人的神经中枢，它实施机器人的全部信息处理和对机器人本体的运动控制。常用的有工业机器人（工控PC）和可编程控制器（PLC），同时配置传感测量模块、驱动器接口、操作单元通信接口、上级控制器通信接口等，如图1-14（a）所示。

2. 操作单元。操作单元主要提供一些操作键、按钮、开关等，其目的是能够为用户编制程序、设定变量时提供一个良好的操作环境。它既是输入设备，也是输出显示设备，同时还是机器人示教的人机交互接口，如图1-14（b）所示。其主要具有以下功能：①手动操作机器人功能；②位置、命令登录和编辑功能；③示教轨迹确认功能。

3. 驱动器。驱动器接收控制器的信号，将信号进行处理及功率放大，驱动伺服电机或步进电机运行。

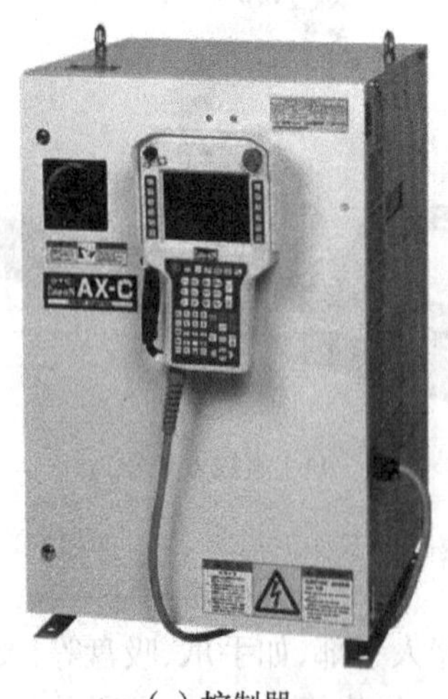

(a) 控制器

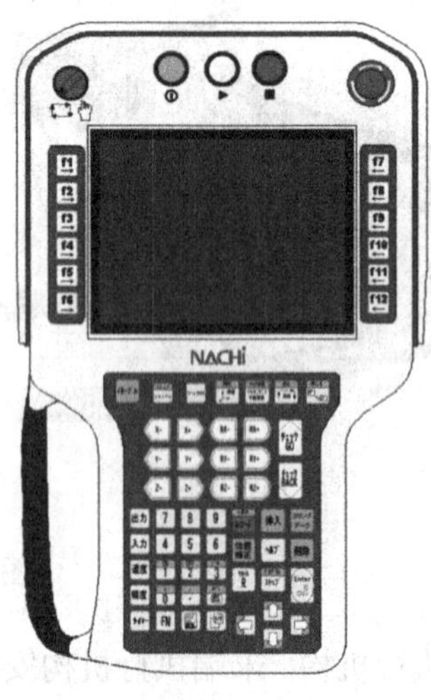

(b) 操作单元

图1-14　工业机器人电气控制系统单元

五、工业机器人的主要技术参数

工业机器人的主要技术参数有控制轴数(自由度)、承载能力、工作范围(作业空间)、运动速度、定位精度、重复定位精度等,此外还有安装形式、防护等级、环境要求、供电要求、机器人外形尺寸、运输的相关要求等。

1. 控制轴数。控制轴数有2轴、3轴、4轴、5轴、6轴、7轴、8轴等。

2. 承载能力。承载能力是根据手臂承载能力选择不同的负荷能力。

3. 工作范围。工作范围指手臂移动范围决定机器人的运动空间。

4. 运动速度。各轴移动速度决定机器人的工作效率。

5. 定位精度。定位精度指机器人实际到达的位置和设计的理想位置之间的差异。

6. 重复定位精度。重复定位精度指机器人重复到达某一目标位置的差异程度。

7. 安装形式。安装形式包括落地式安装、墙壁式安装和倒挂式安装等几种。

8. 防护等级。国产新松SR6C工业机器人的主要技术参数见表1-2。

表1-2　国产新松SR6C工业机器人的主要技术参数

序号	项目		单位	型号规格
1	安装姿势			落地式
2	结构			垂直多关节型
3	动作自由度			6
4	臂长		mm	1 522.5
5	最大伸出半径		mm	1 393
6	动作范围	J1	(°)	±170
		J2		+90,−155
		J3		+190,−170
		J4		±180
		J5		±135
		J6		±360
7	最大速度	J1	(°)/s	150
		J2		160
		J3		170
		J4		340
		J5		340
		J6		520

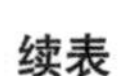
续表

<table>
<tr><th>序号</th><th colspan="2">项目</th><th>单位</th><th>型号规格</th></tr>
<tr><td>8</td><td colspan="2">最大合成速度</td><td>mm/s</td><td>≥2 000 以上</td></tr>
<tr><td>9</td><td colspan="2">防护等级</td><td></td><td>IP54</td></tr>
<tr><td rowspan="2">10</td><td rowspan="2">可搬运质量</td><td>额定值</td><td>kg</td><td>6.0</td></tr>
<tr><td>最大值</td><td>kg</td><td>10.0(手腕向下)</td></tr>
<tr><td>11</td><td colspan="2">重复定位精度</td><td>mm</td><td>±0.06</td></tr>
<tr><td>12</td><td colspan="2">主体总量</td><td>kg</td><td>150</td></tr>
</table>

由于工业机器人是多关节的三维空间不规则球体，为了整个生产流水线的安全可靠工作，在主要技术参数中还给出了机器人的作业空间图，即机器人末端操作器所能到达的区域，如图1–15所示。

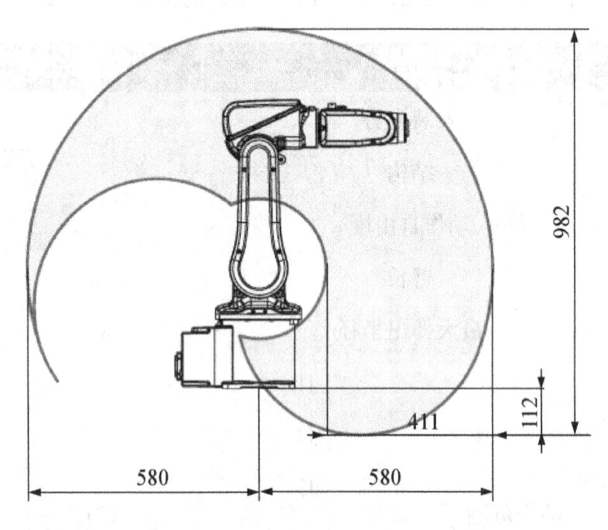

图1–15　工业机器人作业空间

1.4 工业机器人的应用领域

工业机器人在工业生产中能代替人做某些单调、频繁和重复的长时间作业，或者危险、恶劣环境下的作业，如在冲压、压力铸造、热处理、焊接、涂装、塑料制品成形、机械加工和简单装配等工序上的作业，以及在原子能工业中完成对人体有害物料的搬运或工艺操作。随着工业机器人发展的深度、广度以及机器人智能水平的提高，工业机器人从传统的汽车制造领域向非制造领域延伸，如采矿机器人、建筑业机器人以及水电系统用于维护、维修的机器人等。在国防军事、医疗卫生、食品加工、生活服务等领域，工业机器人的应用也越来越多。

汽车制造是一个技术和资金高度密集的产业，也是工业机器人应用最广泛的行业，占到整个工业机器人用量的一半以上。在我国，工业机器人最初也应用于汽车和工程机械行业中。在汽车生产中，工业机器人是一种主要的自动化设备，在整车及零部件生产的弧焊、点焊、喷涂、搬运、涂胶、冲压等工艺中大量使用。据预测，我国正进入汽车拥有率上升时期，在未来几年里，汽车仍将以每年15%左右的速度增长。所以，未来几年工业机器人的需求将会呈现出高速增长趋势，年增幅达到50%左右，工业机器人在我国汽车行业的应用将得到快速发展。

一、焊接工业机器人

焊接工业机器人具有性能稳定、工作空间大、运动速度快和负荷能力强等特点，焊接质量明显优于人工焊接，大大提高了焊接作业的生产率，如图1–16所示。

图1–16 汽车焊接工业机器人

焊接工业机器人主要包括机器人本体和焊接设备两部分。焊接装备采用点焊，则要有焊接电源及其控制系统；采用弧焊的话，也要有焊条送丝机等。

随着汽车工业的发展，焊接生产线要求焊钳一体化，整体重量越来越大，165kg点焊机器人是目前汽车焊接中最常用的一种机器人。2008年9月，机器人研究所研制完成国内首台165kg级点焊机器人，并成功应用于奇瑞汽车焊接车间。2009年9月，经过优化和性能提升的第二台机器人完成并顺利通过验收。该机器人整体技术指标已经达到国外同类机器人水平。它具备以下特点：

1. 焊接工业机器人系统优化集成技术。焊接工业机器人采用交流伺服驱动技术以及高精度、高刚性的RV减速机和谐波减速器，具有良好的低速稳定性和高速动态响应，并可实现免维护功能。

2. 协调控制技术。控制多台机器人及变位机协调运动，既能保持焊枪和工件的相对

姿态，以满足焊接工艺的要求，又能避免焊枪和工件的碰撞。

3. 精确焊缝轨迹跟踪技术。此技术结合了激光传感器和视觉传感器离线工作方式的优点。其采用激光传感器实现焊接过程中的焊缝跟踪，提升焊接机器人对复杂工件进行焊接的柔性和适应性，结合视觉传感器离线观察获得焊缝跟踪的残余偏差，基于偏差统计获得补偿数据并进行机器人运动轨迹的修正，使其在各种工况下都能获得最佳的焊接质量。

二、喷涂工业机器人

喷涂工业机器人能在恶劣环境下连续工作，并具有工作灵活、工作精度高等特点，因此被广泛应用于汽车、大型结构件等喷漆生产线，以保证产品的加工质量，提高生产效率，减轻操作人员劳动强度，如图1-17所示。

图1-17　汽车喷涂工业机器人

喷涂工业机器人在使用环境和动作要求上有以下特点：

1. 工作环境含有易爆的挥发性喷涂剂，所以使用的电气设备必须防火防爆。

2. 沿轨迹高速运动，途经各点均为作业点，所以喷头运行速度应为匀速，确保不会造成喷涂厚薄不均。

3. 多数被喷涂件都搭载在传送带上，边移动边喷涂，所以喷头运行的轨迹需要一些特殊设计。

喷涂工业机器人通常有液压喷涂和电动喷涂两类，喷涂控制装置也要由工业机器人生产商与企业商定。

三、搬运工业机器人

搬运工业机器人主要用于工厂及运输企业中一些工序的上下料作业、拆垛和码垛作业等。随着国际物流新技术的发展，搬运工业机器人是现代物流技术配合、支撑、改造、提升的核心技术和设备，可实现点对点自动存取的高架箱储、作业和搬运相结合，实现精细化、柔性化和信息化，缩短物流流程，降低物料损耗，减少占地面积，降低建设投资等。这类机器人精度相对低一些，但负荷能力要大，运动速度比较快。搬运工业机器人多采用直角坐标型工业机器人和多关节型工业机器人，如图1–18所示。

图1–18 搬运堆垛工业机器人

四、装配工业机器人

装配工业机器人主要用于各种电器制造（如电视机、手机、洗衣机、电冰箱、吸尘器）、小型电机、汽车及其部件、计算机、玩具、机电产品及其组件的装配等方面。随着机器人智能程度的提高，使得它有可能对复杂产品，如手表、汽车发动机、电动机等进行自动装配，并可大大提高产品质量和生产效率。

装配工业机器人由机器人本体、控制器、末端执行器和传感系统组成。其中，机器人本体的结构类型有水平关节型、直角坐标型、多关节型和圆柱坐标型等。控制器一般采用可编程控制器PLC或多级计算机系统，实现运动控制和运动编程。末端执行器为适应不同的装配对象而设计成各种手爪和手腕等，主要有电动手爪和气动手爪两种。气动手爪相对来说比较简单，价格便宜，因而在一些要求不太高的场合用得比较多；电动手爪造价比较高，主要用在一些特殊场合。传感系统用来获取装配机器人与环境和装配对象之间相互作用的信息，带有传感器的装配工业机器人可以更好地顺应对象物进行柔软操作。

装配工业机器人经常使用的传感器有视觉传感器、触觉传感器、接近觉传感器和力传感器等。视觉传感器主要用于零件或工件的位置补偿，零件的判别、确认等；触觉和接近觉传感器一般固定在指端，用来补偿零件或工件的位置误差，防止碰撞等；力传感器一般装在腕部，用来检测腕部受力情况，在精密装配或去飞边一类需要力控制的作业中使用。

与一般工业机器人相比，装配工业机器人具有精度高、柔顺性好、工作范围小、能与其他系统配套使用等特点，图1–19所示为东风公司动力总成新生产线上的发那科机器人正在装配发动机零部件。

图1-19　工业机器人装配汽车发动机零部件

五、AGV工业机器人

AGV(automated guided vehicle)是自动导引运输车的英文缩写,是指装备有电磁或光学等自动导引装置,能够沿规定的导引路径行驶,具有安全保护以及各种移载功能的运输车。AGV属于轮式移动机器人(wheeled mobile robot,WMR)范畴。更直白一点,AGV就是无人驾驶的运输车。

AGV一般以电池为动力，目前也有用非接触能量传输系统CPS（contactless power system)为动力的。AGV装有非接触导航(导引)装置,可实现无人驾驶的运输作业。它的主要功能表现为能在计算机的监控下,按路径规划和作业要求,精确地行走并停靠到指定地点,完成一系列作业功能。

AGV以轮式移动为特征,较之步行、爬行或其他非轮式的移动机器人具有行动快捷、工作效率高、结构简单、可控性强、安全性好等优势。与物料输送中常用的其他设备相比,AGV的活动区域无需铺设轨道、支座架等固定装置,不受场地、道路和空间的限制。因此,在自动化物流系统中,最能充分地体现其自动性和柔性,实现高效、经济、灵活的无人化生产。

现在的AGV工业机器人主要是应用在自动物流搬运中。AGV搬运机器人通过特殊地标导航自动将物品运输至指定地点,最常见的引导方式为磁条引导和激光引导。磁条引导方式是常用且成本最低的方式，但是站点设置有一定的局限性以及对场地装修风格有一定影响;激光引导是成本最高且对场地要求也比较高的,所以一般不采用。图1-20所示为杭州新松自动化有限公司根据电表测试车间物料输送的实际要求而开发设计的系列产品——电表箱推挽移载搬运型AGV工业机器人。其运行控制采用新松标准的AGV控制模式,双轮差动驱动方式实现AGV工业机器人前进、后退、转弯运行,导航方式采用磁导航,根据生产工艺规划分为单叉和双叉两种产品。

图1-20 电表箱推挽移载搬运型AGV工业机器人

六、工业机器人安装环境的要求

工业机器人的应用极大限度地改变了工作环境，提升了自动化程度，但是在项目决策时，也要注意相关事项。一般情况下工业机器人适用于批量式生产，若经常因产品切换而调整机器人运行程序及相关部件，会降低生产效率。

通常将工业机器人应用在劳动力密集、劳动强度大的工序，以取代人工获得最大的投资回报。在项目规划时，需考虑工业机器人运行与周围装备的配合度，在确保节拍一致的前提下，使工业机器人得以充分利用。另外，为了确保工业机器人能正常工作，提高其使用寿命，对它的工作环境有以下要求：

(1) 环境温度要求: 工作温度为0~45℃，运输储存温度为-10~60℃。

(2) 相对湿度要求: 20%~80%。

(3) 动力电源: 三相AC200/380V(10%~15%)。

(4) 接地电阻: 小于保护电阻4Ω。

(5) 机器人工作区域需有防护措施(安全围栏)。

(6) 灰尘、泥土、油雾、水蒸气等必须保持在最小限度。

(7) 环境必须没有易燃、易腐蚀液体或气体。

(8) 设备安装要求远离撞击和振源。

(9) 机器人附近不能有强的电子噪声源。

(10) 振动等级必须低于0.5g($4.9m/s^2$)。

七、应用实例：焊接机器人工作站

（一）工作站

图1-21所示为焊接机器人工作站示意图。

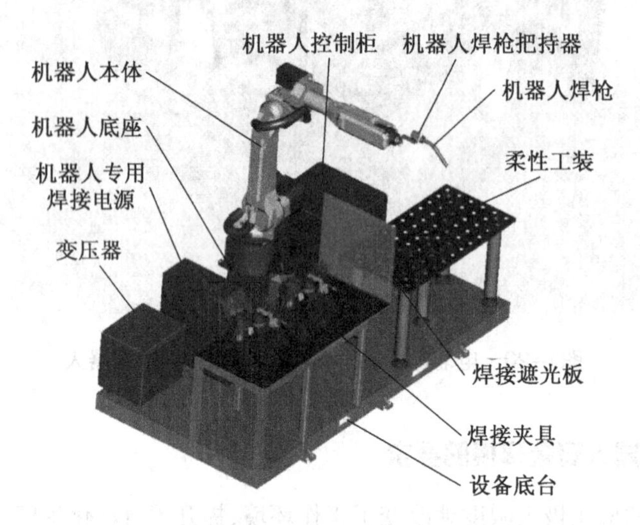

图1-21　焊接机器人工作站示意图

（二）配件清单

焊接机器人配件清单见表1-3。

表1-3　焊接机器人配件清单

序号	名称	型号	品牌	数量	备注
1	FANUC 机器人本体 FANUC 机器人控制系统 FANUC 机器人液晶控制器	R-OIB/R-3OIB/Mate	日本发那科	1套	机器人本体，中英文双语显示，臂伸 1 437mm
2	机器人变压器	KZ-3kV/380V/200V	摩科	台	
3	机器人气冷焊枪	ROBO7G-22 度欧式接口	德国 TBI	把	
4	机器人焊枪夹持器	ROBO7G-22 度/D4	德国 TBI	套	
5	350 机器人焊机	MK-CM350R（含送丝机）	摩科	台	
6	机器人安装底座	RD4060	摩科	台	
7	焊接工作台		摩科	台	可选配
8	汽车座椅工装		摩科	台	可选配
9	柔性工装平台		摩科	台	可选配
10	底座		摩科	台	可选配

（三）主要部件的参数

1. 机器人。图1-22所示的R-OIB型焊接机器人是一种增强型工业机器人，即关节型手臂机器人，其重量轻、功耗低、动作灵活。另外，它所有轴都有一个极大的旋转范围，给焊接机器人带来极大的灵巧性能和工作范围。机器人的手臂具有细长而紧凑的设计，由于各个轴的动态性能高，保证了优良的焊接精度、速度和可重复性。电机传动轴上安装有制动器，通过闭合电路原理动作，在失电的情况下自动抱闸，避免危险性的运动。

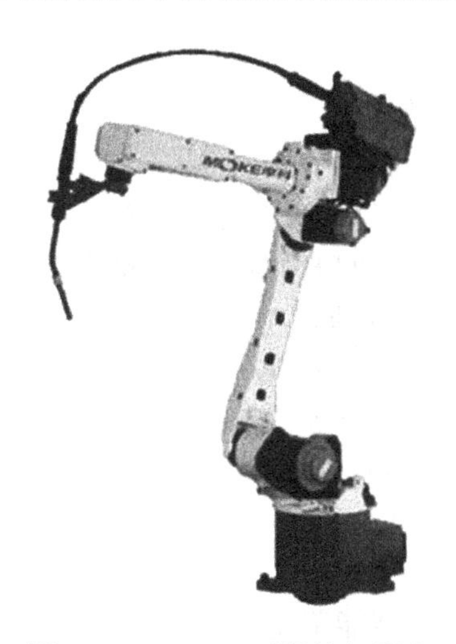

图1-22 R-OIB型焊接机器人

其主要技术参数如下：

轴数	6轴
额定负荷	3 kg
旋转半径	1 437mm
本体质量	110kg
重复定位精度	±0.08mm

R-OIB型焊接机器人主要功能见表1-4。

表1-4 R-OIB型焊接机器人主要功能

功能	备注
电弧重启功能	如果某一次起不了弧，可尝试多次电弧重启来避免焊接中止
数据库功能（多层焊）	包括层间角度调整、自动焊枪定位
防碰撞功能	6 轴防碰撞软件
遥控坐标系选择功能	直角、工具、便利、各轴、工件等坐标系
状态显示功能	机器人、移动装置的位置坐标，外部信号状态等
程序编辑功能	位置、命令的更改，插入、删除、程序复制和删除以及合并

续表

功能	备注
程序变换功能	平行、回转移动、镜向变换等
断电恢复功能	停电中断，再上电后可接续停止位置开始工作
程序存储容量	100M
外部记忆	USB 插口

2. 焊机。焊机主要技术参数如下：

控制方式	全数字
输入电压	三相380V（允许-25%~+25%波动）
输入频率	50/60Hz（30~80Hz波动）
额定输入容量	13.5kV·A
额定负荷持续率40℃	350A@60%/270A@100%
额定负荷持续率25℃	350A@100%
额定输出电流范围	30~400A
额定输出电压范围	12~38V
额定开路电压	61V
冷却方式	智能调速节能风冷
外形尺寸	250mm×450mm×620mm
主机环境温度	-39~50℃
防护等级	IP23
重量	48kg

3. 控制系统。控制系统的特性如下：

（1）控制系统灵敏可靠，故障少，操作和维护方便。

（2）具有通知定期检修和出错履历记忆功能。

（3）具有自停电保护、停电记忆、自动防粘丝功能。

（4）具有焊接参数修整功能。

（5）机器人控制器采用图形化菜单显示、彩色示教器、中英文双语切换显示，提供实施监视和在线帮助功能；具有位置软、硬限位，门开关，过流，欠压，内部过热，控制异常，伺服异常，急停等故障的自诊断、显示和报警功能。

（6）运动控制：包括机器人本体的运动控制、周边作业装置控制。

（7）控制装置的主要功能：示教器编程示教；点位运动控制、轨迹运动控制；四种坐标系，同时具有相对坐标系、坐标平移、旋转功能；具有编辑、插入、修正、删除功能；直线、圆弧设定及等速控制。

（8）周边控制系统及操作台：系统具有多种自动安全保护功能，电源断电时再来电具有再启动作业的功能；操作面板上设有紧急停止按钮、手动按钮、自动按钮等。

（9）其他：机器人焊接系统底座采用刚性连接；系统工作现场的电缆连接采用电缆桥架和走线盒，走线规范、整齐。

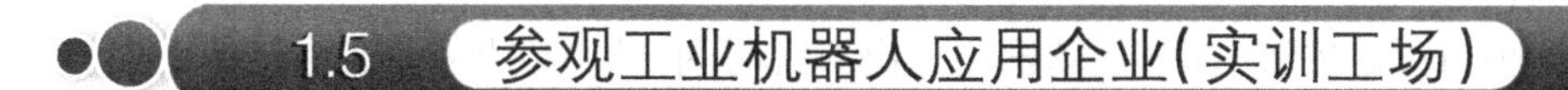

1.5 参观工业机器人应用企业(实训工场)

一、任务目标

1. 认识工业机器人的各种类型及其应用。
2. 认识某工业机器人的基本组成、各部分的作用和技术参数。
3. 观察某工业机器人的开机、关机操作。
4. 熟记工业机器人实训工场的规章制度和安全操作规程。

二、任务描述

学完本项目之后,老师带领学生走进学校的工业机器人实训工场(或某企业自动化生产线)。老师事先介绍学校的工业机器人实训工场(或某企业自动化生产线)地理位置,进入工场的任务要求,特别是要注意的安全事项。要求学生分小组辨识工业机器人品牌及应用,观察现场某一种工业机器人的基本组成及作用。

三、任务准备

(一)小组分工

根据班级规模将学生分成若干个小组,每组以5~6人为宜,并事先讨论推荐1人为小组长,负责本组工作计划制定、具体实施、讨论汇总及统一协调;推荐1人为汇报人,负责本小组工作情况汇报交流。小组成员及分工安排见表1-5。

表1-5 小组成员及分工安排表

小组长	汇报人	成员1	成员2	成员3	成员4

(二)文具准备

为完成工作任务,每个工作小组需要准备相关的文具用品等,凡属借用的,在完成工作任务后及时归还。工作任务文具用品准备清单见表1-6。

表1-6 工作任务文具用品准备清单

序号	名称	规格型号	单位	数量	是否自备	申领(借用人)

四、任务计划(决策)

1. 根据小组讨论内容,在下面图框内写出参观时间、地点以及参观路径。

2. 在下面图框内写出本次观察的内容提要。

五、任务实施

1. 通过观察和查阅资料,在表1–7中记录某工业机器人的主要参数。

表1–7　某工业机器人参数

产品型号		生产厂家	
功能		轴数	
轴号	最大单轴速度	最大运动范围	
一轴			
二轴			
三轴			
四轴			
五轴			
六轴			
有效负荷		旋转半径	
重复定位精度		周围温度	
安装方式		防护等级	
结构类型		主体重量	

2. 在下框中记录工业机器人实训工场的规章制度和安全操作规程。

六、任务检查（评价）

1. 各小组汇报人整合小组参观情况，撰写报告作汇报。
2. 小组其他人员补充。
3. 其他小组成员提出建议。
4. 填写评价表，见表1–8。

表1-8　评价表

小组名称		小组成员					
评价项目	评价内容		本组自评	组间互评	教师评价	权重	得分小计
职业素养	1. 遵守规章制度 2. 按时完成工作任务 3. 积极主动承担工作任务 4. 注意人身安全、设备安全 5. 遵守“6S”规则 6. 团队协作精神，专心、精益求精					0.3	
专业能力	1. 工作准备充分 2. 能完整说出工业机器人的结构组成及作用 3. 能完整说出工业机器人的主要技术参数 4. 能熟记工场的规章制度和操作规程					0.5	
创新能力	1. 方案和计划可行性强 2. 提出自己的独到见解及其他创新					0.2	
合计							
描述性评价							

七、任务拓展

网上搜寻工业机器人应用领域及市场品牌占有率。

思考与练习

一、填空题

1. 机器人的英文名称是__________。它是一种__________的机器，所不同的是这种机器具备一些与人或生物相似的__________，如__________、__________、__________、__________。

2. 第一代机器人是__________的机器人，第二代机器人是__________的机器人，第三代机器人是__________的机器人。

3. 第一台计算机控制的机器人（智能机器人）叫__________，是在__________年美国公司问世，发明第一台机器人的正是享有__________美誉的__________先生。

4. 第一台通用型工业机器人是__________年由__________公司研究成功，取名为__________。国际工业机器人的“四大家族”是__________、__________、__________、__________。

5. 工业机器人的使用较多集中于__________。就全球平均水平来看，汽车行业的应用约占工业机器人总量的__________，而在我国这一数字目前在__________左右。

6. 工业机器人有__________、__________、__________三种分类方法。

7. 工业机器人由三大部分、六个子系统组成，三大部分有__________、传感部分、__________；六个子系统有驱动系统、__________、感受系统、机器人-环境交互系统、__________和控制系统。

8. 六轴垂直工业机器人的本体包括__________、__________、__________、__________、__________、__________。

9. 机器人的主要技术参数有__________、__________、__________、__________、__________、__________、__________、__________。

10. 工业机器人可以根据不同作业内容和轨迹的要求在不同的坐标系下运动。工业机器人的坐标形式主要包括__________、__________、__________、__________、__________。

二、选择题

1. 工业机器人一般具有的基本特征是（　　）。

①拟人性 ②可编程性 ③多学科性 ④独立性 ⑤通用性

A. ①②③④　　B. ①②③⑤　　C. ①③④⑤　　D. ②③④⑤

2. 按机器人机构运动坐标系特点可将机器人分为（　　）。

①直角坐标机器人 ②圆柱坐标机器人 ③球面坐标机器人 ④关键坐标机器人

A. ①②　　　　B. ①②③　　　　C. ①③④　　　　D. ①②③④

3. 工业机器人按用途可分为(　　)。

① 装配机器人 ② 焊接机器人 ③ 搬运机器人 ④ 智能机器人 ⑤ 喷涂机器人

A. ①②③④　　　　B. ①②③⑤　　　　C. ①③④⑤　　　　D. ②③④⑤

4. 工业机器人技术的发展方向是(　　)。

① 智能化 ② 自动化 ③ 系统化 ④ 模块化 ⑤ 拟人化

A. ①②③④　　　　B. ①②③⑤　　　　C. ①③④　　　　D. ②③④

5. 机器人的精度主要依存于(　　)、控制算法误差与分辨率系统误差。

A. 传动误差　　　　B. 关节间隙　　　　C. 机械误差　　　　D. 连杆机构的挠性

三、判断题

1. 工业机器人是一种能自动控制、可重复编程、多功能、多自由度的操作机。(　　)

2. 直角坐标机器人具有结构紧凑、灵活、占用空间小等优点，是目前工业机器人大多采用的结构形式。(　　)

3. 多关节型机器人一般主要由立柱、大臂、小臂组成。(　　)

4. 平面关节允许两边杆之间有三个独立的相对轴动，这种关节具有三个回转关节。(　　)

5. 工业机器人本体由机械部件及驱动电机、减速器、传感器和末端执行器组成。(　　)

6. AGV工业机器人其实是一种用于搬运的智能化移动小车。(　　)

四、简答题

1. 机器人分为哪几类?
2. 工业机器人的定义和特征是什么?
3. 工业机器人由哪几部分组成?
4. 上网查找工业机器人自由度的概念。
5. 机器人的技术参数有哪些？各技术参数的意义是什么?
6. 喷涂工业机器人在使用环境和动作上有哪些特点?
7. 什么是SCARA机器人？应用上有何特点?

项目二　认识工业机器人的机械结构

本项目主要认识工业机器人的机械结构系统，它由基座、手臂、手腕、手部（末端执行器）四大件组成，每一大件都有若干自由度，构成一个多自由度的机械系统。基座一般固定不动，若基座具备行走机构，则构成行走机器人。手臂一般由大臂、小臂组成。手腕是支撑手部和改变手部姿态的重要部件。手部又称为末端执行器，是直接装在手腕上的一个重要部件，它可以是二手指或多手指的手爪，也可以是喷漆枪、焊具等作业的工具。通过本项目学习，了解工业机器人的机械结构及其作用，为后续学习工业机器人的拆装与编写程序奠定基础。

扫码看本项目 PPT

扫码看本项目视频

工业机器人是将若干关节和连杆通过一定的机构连接组合成运动链的机械装置，垂直串联是工业机器人最常用的结构形式。图2-1所示为六轴串联型工业机器人，它将机器人的各个关节和连杆依次串联，每个关节(自由度)都安装一台伺服电动机，经过减速器降速后驱动运动部件运动。串联型工业机器人一般将伺服电动机、减速器及其他机械传动部件安装于机身内部，机器人外观简洁、防护性能好，且机械之间采用直接传动，传动结构简单、传动精度高、响应快、刚性好。因为每个关节内安装了伺服电动机和减速器，导致机器人小臂质量大、整体重心高，且机器人内部空间较小，限制了伺服电动机、减速器的功率，因此串联型工业机器人一般用于承载10kg以下、作业范围1m以内的场合。其应用比较广泛的场合有搬运、堆垛、焊接、喷涂、装配等。

工业机器人的机械部分主要有基(底)座、手臂、手腕、手部。

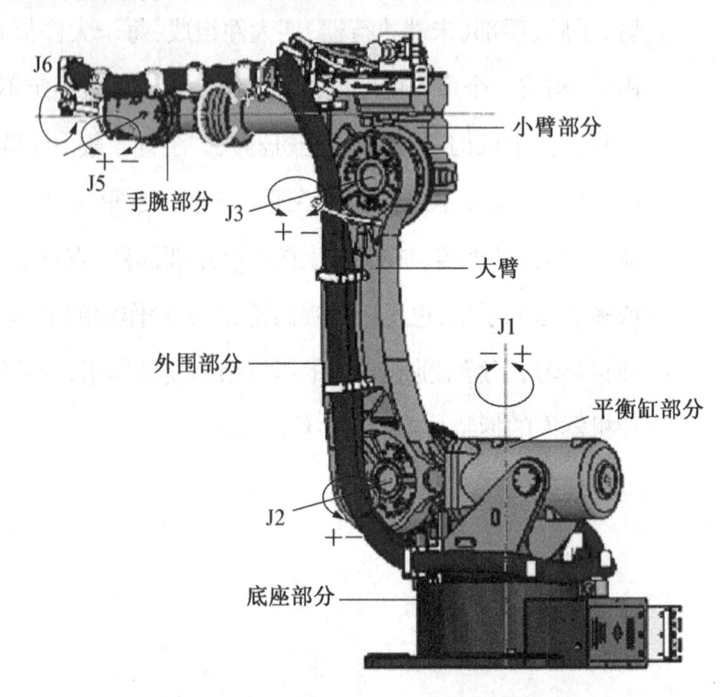

图2-1　六轴串联型工业机器人的基本结构

2.1　手部结构(末端执行器)

手是人类使用最为频繁、最为重要的器官之一。经过几百万年的进化，人类的手已经演变成了大自然所能创造出的最完美的工具。人的手有5个手指，每个手指有多个关节、神经、肌腱、骨骼，可以巧妙地完成许多复杂作业，如弹奏乐曲、制作物品、修理工具等。机器人的手部是指安装于机器人手臂末端，直接作用于工作对象的装置，如图2-2所示。它虽然不像人的手部那样灵敏，但是能模仿人手动作的功能，能够抓取、握持、释放工件，或者进行一些特定的操作。机器人的手部具备以下特点：

（1）手部与手腕处有可拆卸的机械接口。根据操作对象的不同，手部结构会有差异，因此要求手部与手腕处的接头具有通用性和互换性。

（2）手部可能还有一些电、气、液的接口。手部的电、气、液接口和不同驱动方式相对应，故对这些部件的接口一定要具有互换性。

（3）它可以像人一样具有手指，也可以不具有手指。手部可以具有类似人的手爪，也可以是专用的工具，如装在机器人手腕上的喷漆枪、焊接工具等。

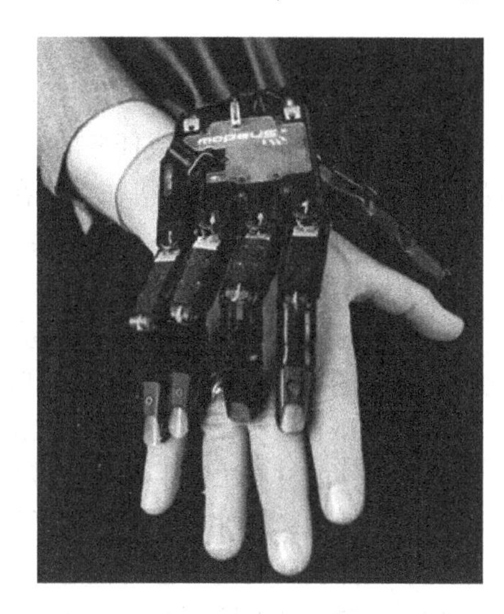

图2-2 机械手与人手

工业机器人的手部按用途不同可以分为专用工具和手爪两大类。专用工具如喷漆枪、焊具等，是进行某种作业而特意安装的专用设备；手爪具有一定的通用性，它的主要功能有：①抓住工件。在给定的目标位置和期望姿态上抓住工件，工件在手爪内必须具有可靠的定位和准确的姿态；②握持工件。确保工件在搬运或装配过程中位置和姿态的准确性；③释放工件。在指定点上除去手爪和工件之间的约束关系，确保工件定位和姿势的准确。

工业机器人手爪按工作原理不同可以分为机械手爪、磁力吸盘、真空式吸盘三大类，如图2-3所示。

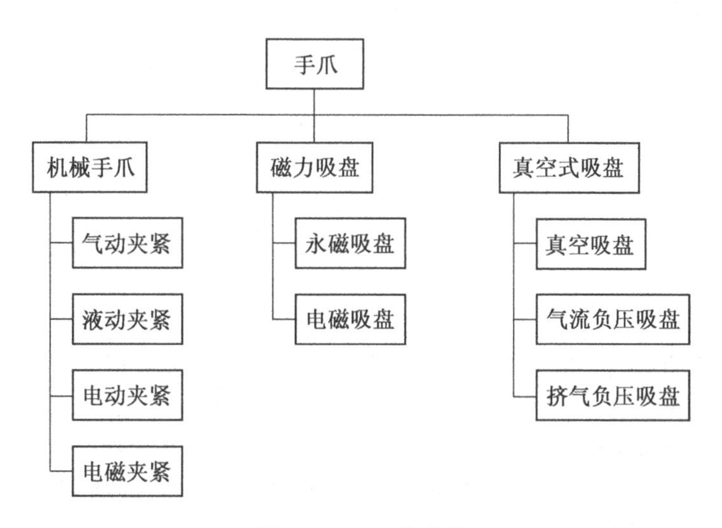

图2-3 手爪的分类

一、机械手爪

手部对整个机器人完成任务的好坏起着关键的作用，它直接关系到夹持工件时的位置精度、夹持力的大小等。机械手爪在设计时必须考虑工件的几何参数。

(1) 根据工件尺寸大小及夹持表面之间的距离决定手爪尺寸的大小。

(2) 根据可能给予抓握表面的数目决定机械手爪的指数。

(3) 根据夹持表面的几何形状,从工作稳定、可靠、方便的角度,考虑手爪去抓握工件的位置和方向,从而决定机械手爪的形状。

机械手爪在设计时还必须考虑工件的材料特质。

(1) 工件的材质决定手爪的机械强度。

(2) 工件的稳定性决定手爪的抓握力。

(3) 工件表面的光滑程度决定手爪抓口的摩擦力。

(4) 抓握工件温度高的手爪必须要特殊考虑。

所以,有些手爪装备一种或多种传感器,如力传感器、触觉传感器等,感知手爪和物体之间的接触状态、物体表面状况和夹持力的大小等,以便根据实际工况进行调整,保证手爪能灵巧、灵敏地工作,确保工件不会损坏。

手爪按照夹持形式可以分为外夹式、内撑式、内外夹持式三种,如图2–4所示。

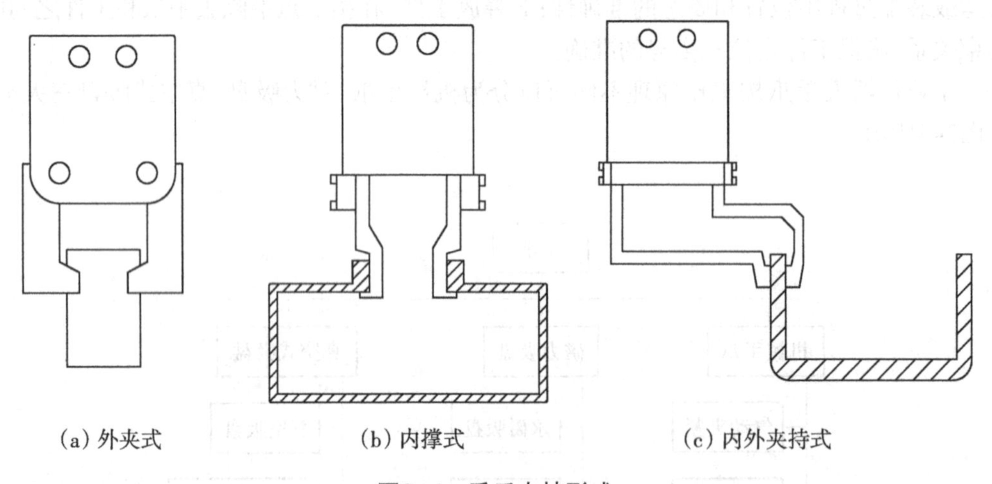

(a) 外夹式　(b) 内撑式　(c) 内外夹持式

图2–4　手爪夹持形式

以结构较为简单的二指手爪为例说明手爪的工作原理,其外形如图2–5所示。该手爪采用可回转的外夹式转动夹持结构,两个手指开合范围大、结构紧凑、重量轻、效率高,可以充分保证自身刚度和强度。其拉杆与套筒、支架同轴,支架为中空轴结构,手指与支架轴销相连,小拉杆与拉杆轴销相连。拉杆向左移动时,推动小拉杆联动,带动手指外张;拉杆向右移动时,带动手指收拢,从而实现手指的张合。对拉杆力的驱动源可以有气动、液动、电动和电磁四种。

图2-5 二指手爪外形图

二指手爪弹性机械手的结构如图2-6所示，两个手爪A、B用连杆A、B连接到滑块上，气缸活塞杆通过弹簧使滑块运动。其工作原理为：气缸活塞杆上移，弹簧拉动滑块上移，滑块两端的连杆A、B上拉，夹紧工件；气缸活塞杆下移，弹簧拉力下降，滑块两端的连杆A、B放松，放下工件。手爪夹持工件的夹紧力取决于弹簧的张力，因此可以根据工作情况的不同，采用不同的弹簧夹紧不同的工件。需要注意的是，当手爪松开时不要让弹簧脱落。

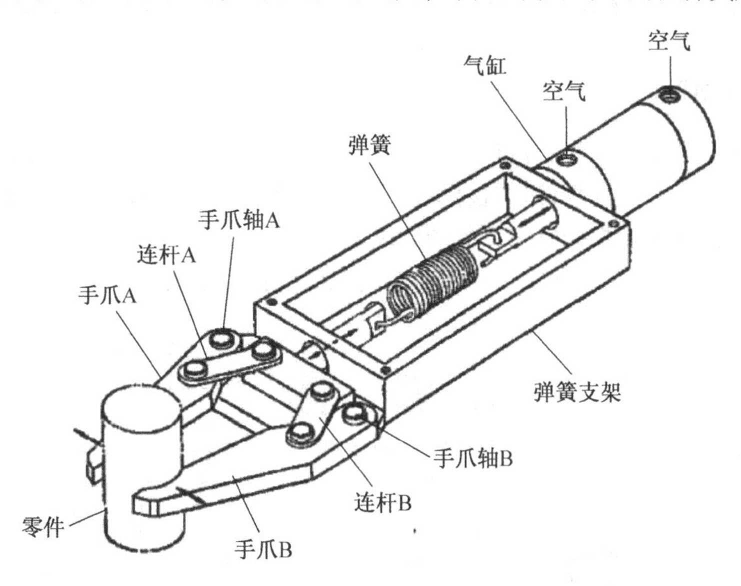

图2-6 二指手爪弹性机械手的结构图

二、磁力吸盘

磁力吸盘有电磁吸盘和永磁吸盘两种。图2-7所示为电磁吸盘的外形图，磁力吸盘是在手部装上电磁铁，通过磁场吸力把工件吸住。图2-8所示为电磁吸盘的结构图，当线圈通电时，电流形成磁场，产生磁力将工件吸住；当线圈断电时，磁力消失而将工件松开。若采用永久磁铁作为吸盘，则必须采用压缩气体推力等措施强迫取下工件。

电磁吸盘只能吸住铁磁材料制成的工件（如钢铁件），吸不住有色金属和非金属材料工件。磁力吸盘的铁芯必须用剩磁少的软磁性材料制作，但往往会使被吸取工件上留有剩磁，或吸盘上吸附一些铁屑，致使不能可靠地吸住工件，所以只适用于对工件吸力要求不高或有剩磁也无妨的场合。另外，钢、铁等磁性物质在温度为723℃以上时磁性就会消失，故高温条件下不宜使用磁力吸盘。

磁力吸盘的计算主要是电磁吸盘中电磁铁吸力的计算，应根据铁芯截面积、线圈导线直径、线圈匝数等参数设计，并要根据实际应用环境选择工作情况系数和安全系数。

图2-7 电磁吸盘外形图

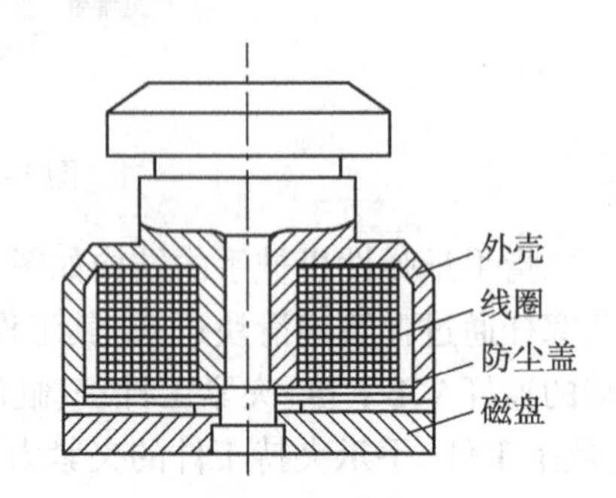

图2-8 电磁吸盘结构示意图

三、真空式吸盘

真空式吸盘主要用于搬运体积大、重量轻的物体，如冰箱壳体、汽车壳体等零件，也广泛应用于需要小心搬运的物件，如显像管、平板玻璃等。真空式吸盘要求工件表面平整光滑、干燥清洁、能气密。根据真空产生的原理可分为：

1. 真空吸盘。图2-9所示为产生负压的真空吸盘控制系统。

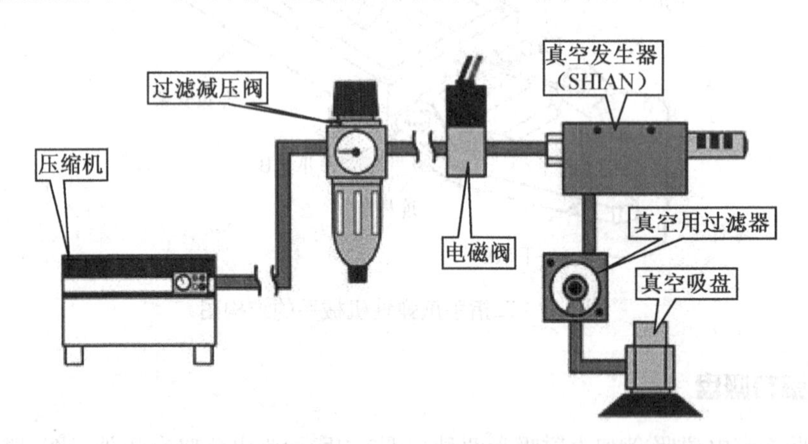

图2-9 真空吸盘控制系统

空气压缩机产生4~8kg的压缩气，经过滤减压阀净化和压力调整进入电磁阀，电磁阀吸合，则真空发生器产生负压，真空吸盘可以吸附工件；电磁阀释放，则真空发生器没有负压，真空吸盘可以放置工件。吸盘吸力在理论上取决于吸盘与工件表面的接触面积和吸盘内外压差，实际上与工件表面状态有十分密切的关系，它影响负压的泄漏。真空泵的采用，能保证吸盘内持续产生负压，所以这种吸盘比其他形式吸盘的吸力大。真空吸盘的外形如图2-10所示。

图2-10 真空吸盘外形图

2. 气流负压吸盘。气流负压吸盘的结构图如图2-11所示，排气孔道上部与气室相通，气室通过横孔与抽吸盘内腔相贯通，在气室的入孔处连接有一喷嘴。排气孔道与大气相通，当由喷嘴进气口通入高压气流后，利用伯努利效应在橡胶皮腕内产生负压。一般在工厂都设有空压机站或空压机，空压机气源比较容易解决，不需要专为机器人配置真空泵，所以气流负压吸盘在工厂使用很方便。

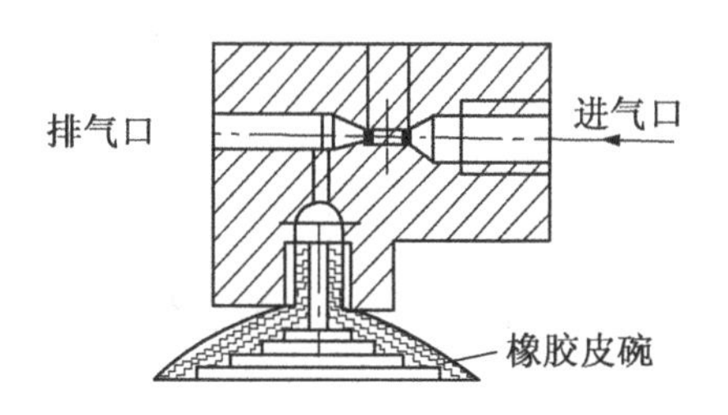

图2-11 气流负压吸盘结构图

3. 挤气负压吸盘。图2-12所示为挤气负压吸盘的结构，当吸盘压向工件表面时，将吸盘内空气经过吸盘架中间的纵向和横向通道、密封垫、压盖挤出；工业机器人手部提升时，工件有松开去除压力的趋势，吸盘恢复弹性变形使吸盘内腔形成负压，将工件牢牢吸住，工业机器人即可进行工件搬运；到达搬运的目标位置后，或用碰撞力P或用电磁力使压盖动作，密封垫失去压力，破坏吸盘腔内的负压，释放工件。因为挤气负压吸盘不需真空泵系统，也不需压缩空气气源，所以比较经济方便，但是可靠性比真空吸盘和气流负压吸盘差。

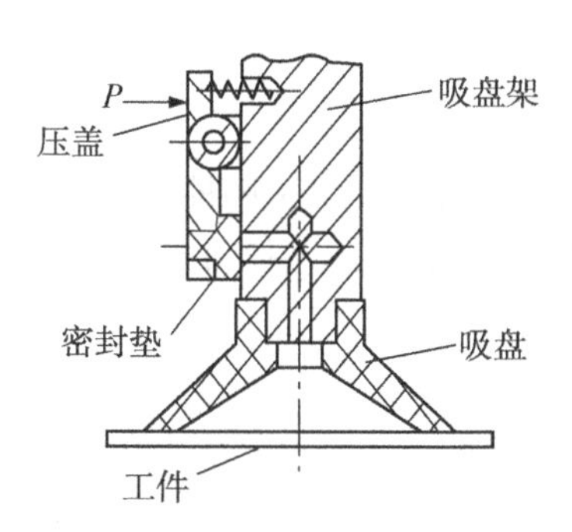

图2-12 挤气负压吸盘结构图

随着机器人技术的发展，通用手部越来越类似人手的形状。具备通用功能的手部一般具有多个手指，而且每个手指都相当柔软；有利用外部动力而运动的关节，可以实现多自由度的运动，图2-13所示为常见仿生手结构图。人手指能完成的各种复杂动作仿生手几乎都能模仿，如拧螺钉、弹钢琴、做礼仪手势等动作。在手部配置触觉、力觉、视觉、温度传感器，将会使多指灵巧手达到更完美的程度。多指灵巧手的应用前景十分广泛，可在各种极限环境下完成人无法实现的操作，如核工业领域，宇宙空间作业，在高温、高压、高真空环境下作业等。

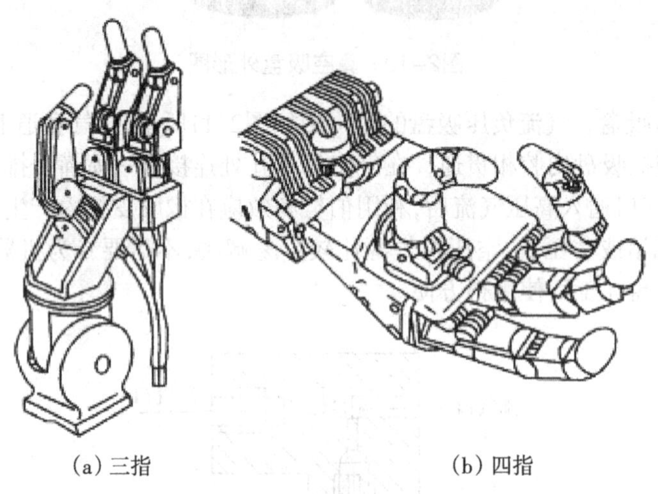

(a) 三指　　(b) 四指

图2-13　常见仿生手结构图

2.2 手腕结构

工业机器人的手腕是臂部和手部的连接件，起支撑手部和改变手部姿态的作用。工业机器人手腕的主要作用是改变末端执行器的姿态，如通过手腕的回转和弯曲，来保证刀具、焊枪等加工工具的轴线与加工面的垂直等。

一、手腕自由度

为了使手部能处于空间任意方向，要求手腕能实现对空间三个坐标轴X、Y、Z的旋转运动。图2-14所示为腕部三坐标系。

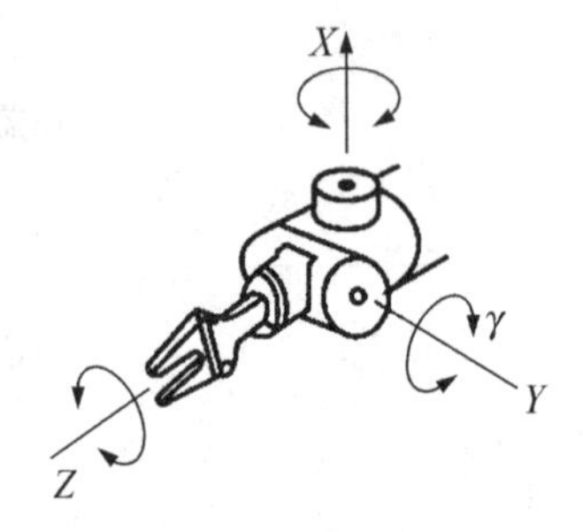

图2-14　腕部坐标系

手腕运动的三个自由度分别称为翻(回)转、俯仰、偏转,如图2-15所示为手腕三个自由度示意图。当然并不是所有手腕都必须具备三个自由度,而是要根据实际使用的工作性能来决定。

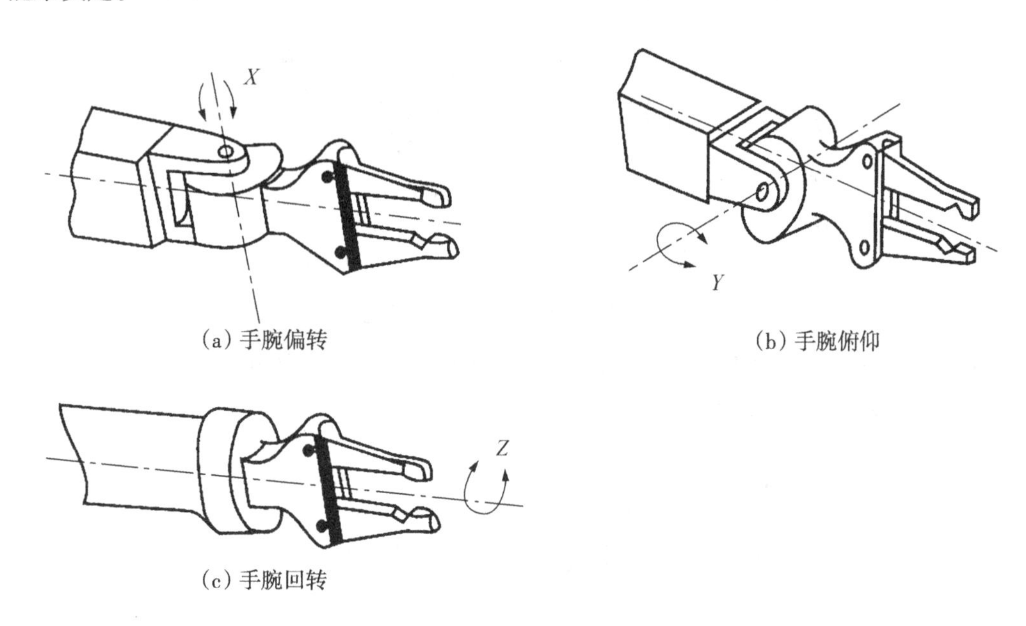

图2-15　手腕三个自由度示意图

二、手腕的分类

(一) 按自由度数来分类

手腕按自由度数来分,可分为单自由度手腕、二自由度手腕和三自由度手腕。

1. 单自由度手腕。图2-16所示为单自由度手腕种类图,其中图2-16(a)所示为一种翻(回)转关节,手臂纵轴线和手腕关节轴线构成共轴线。这种关节旋转角度大,能进行360°回转,称为回转(Roll)关节,简称R关节。图2-16(b)、(c)所示都是一种折曲或者摆动关节,关节轴线与前后两个连接件的轴线相垂直。这种只能进行360°以下回转的关节,称为摆动(Bend)关节,简称B关节。这种B关节因为受到结构上的干涉,旋转角度小,大大限制了方向角。

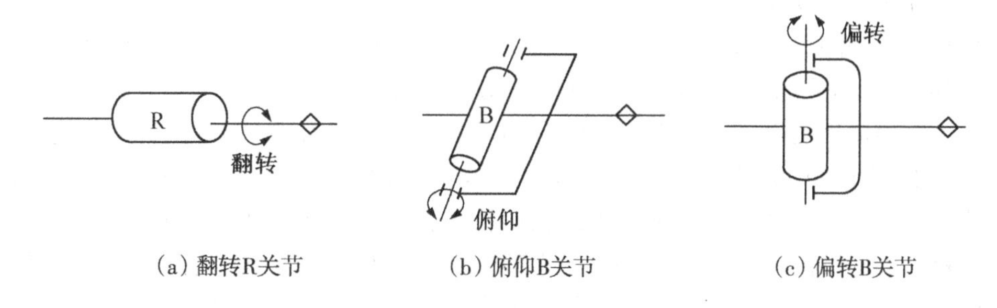

图2-16　单自由度手腕种类图

2. 二自由度手腕。图2-17所示为二自由度手腕类型图。二自由度手腕可以由一个R关节和一个B关节组成BR手腕，也可以由两个B关节组成BB手腕，但是不能由两个R关节组成RR手腕。因为两个R关节共轴线，所以退化了一个自由度，实际只构成了单自由度手腕。

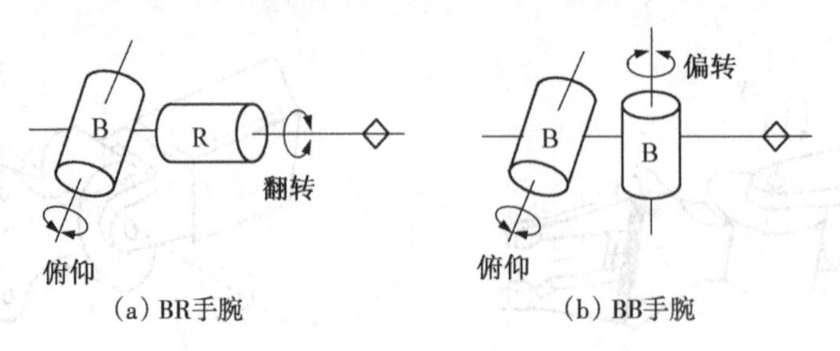

图2-17　二自由度手腕类型图

3. 三自由度手腕。由R关节和B关节组合构成的三自由度手腕可以有多种类型，实现翻转（回转）、俯仰、偏转等功能，如图2-18所示。

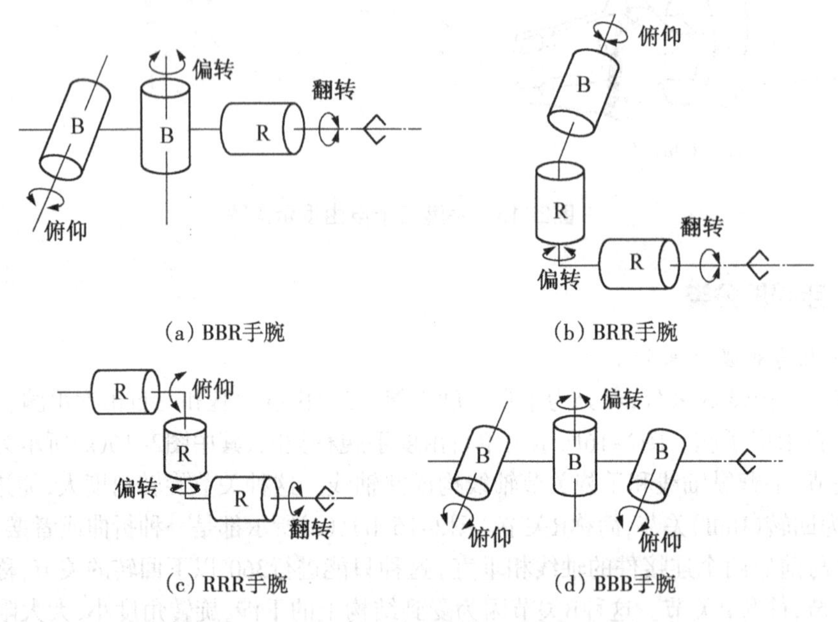

图2-18　三自由度手腕类型图

（二）按驱动方式分类

1. 直接驱动的手腕。其驱动源直接装在手腕上。这种手腕的关键是能否设计和加工尺寸小、重量轻、驱动扭矩大和驱动性能好的驱动电机或液压马达。

2. 远距离驱动的手腕。这是一个具有三根输入轴的差动轮系，腕部旋转使得附加的腕部机构紧凑、质量轻。从运动分析的角度看，这是一种比较理想的三自由度腕。这种腕部可使手的运动灵活，适应性广，目前它已成功地用于点焊、喷漆等通用机器人上。

手腕是决定机器人作业灵活性的关键部件，对其总体要求是：①结构紧凑、重量轻，结构强度、刚度高；②动作灵活、平稳，定位精度高；③与臂部及手部的连接部位的结构合理连接，以及传感器和驱动装置的合理布局及安装等。

2.3 手臂结构

手臂部件(简称臂部)是机器人的主要执行部件,它的作用是支撑手腕和手部,并带动它们在空间运动。手臂的各种运动通常由驱动机构和各种传动机构来实现,因此它不仅要承受被抓取工件的重量,而且要承受末端执行器、手腕和手臂自身的重量。手臂的结构、工作范围、灵活性以及抓重大小(即臂力)和定位精度都直接影响机器人的工作性能,所以臂部的结构形式必须根据机器人的运动形式、抓取重量、动作自由度、运动精度等因素来确定。

一、臂部结构的基本要求

1. 刚度要求高。为防止臂部在运动过程中产生过大的变形,手臂的截面形状要合理选择。工字形截面弯曲刚度一般比圆截面大;空心管的弯曲刚度和扭转刚度都比实心轴大得多,所以常用钢管做工业机器人的手臂。

2. 重量要轻。为提高机器人的运动速度,要尽量减轻臂部运动部分的重量,以减小整个手臂对回转轴的转动惯量。

3. 运动要平稳、定位精度要高。由于臂部运动速度越高,惯性力引起的定位前冲击也就越大,运动既不平稳,定位精度也不高。因此,除了臂部设计上要力求结构紧凑、重量轻外,同时还要采用一定形式的缓冲措施。

4. 布局合理。因要在狭小的机械臂管道中布置各种管线(电机的驱动线、编码器线、气管、电磁阀控制线、传感器线等),驱动电机也要采用空心轴电机,还要保证关节轴旋转而管线不会随着旋转,所以臂部整体布局要合理。

二、手臂的运动形式

(一)直角坐标型

直角坐标型臂部由三个相互正交的移动副组成,带动腕部分别沿X、Y、Z三个坐标轴的方向做直线移动,结构简单,运动定位精度高,但所占空间较大,工作范围相对较小,如图2-19所示。

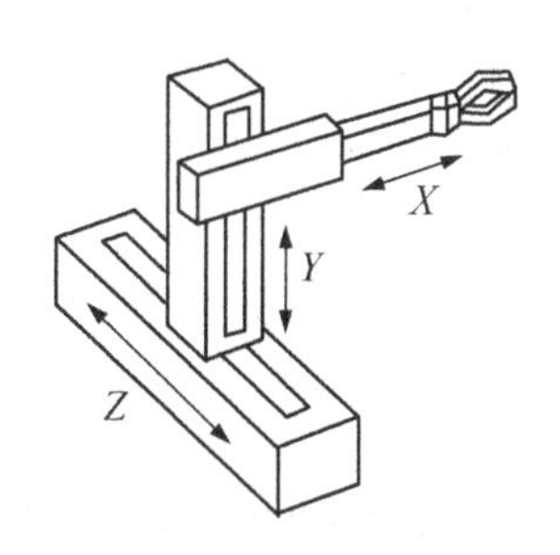

图2-19 直角坐标型结构手臂

（二）圆柱坐标型

圆柱坐标型臂部由一个转动副和两个移动副组成。相对来说，它所占空间较小，工作范围较大，应用较广泛，如图2-20所示。

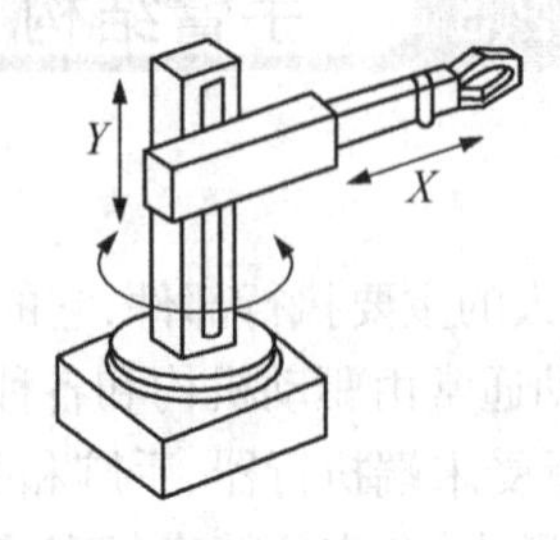

图2-20　圆柱坐标型结构手臂

（三）关节坐标型

关节坐标型臂部由动力型旋转关节和大、小两臂组成。关节坐标型机器人以臂部各相邻部件的相对角位移为运动坐标，动作灵活，所占空间小，工作范围大，能在狭窄空间内绕过各种障碍物，如图2-21所示。

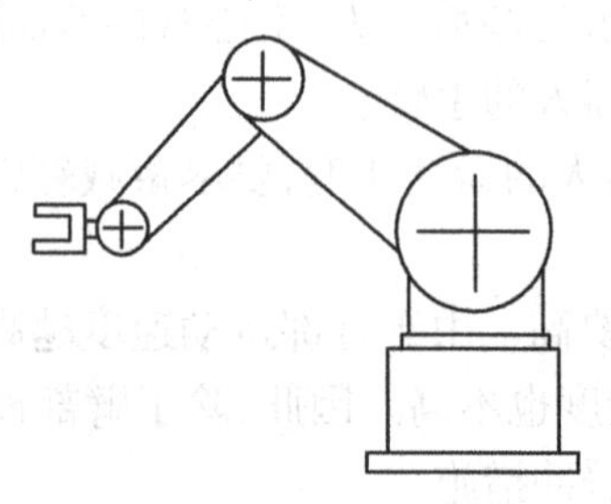

图2-21　关节坐标型结构手臂

（四）极坐标型

极坐标型又称为球坐标型，臂部由两个转动副和一个移动副组成，产生沿手臂X轴的直线移动，绕基座Y轴的转动和绕关节Z轴的摆动。其手臂可做绕Z轴的俯仰运动，能抓取地面上的物体，如图2-22所示。

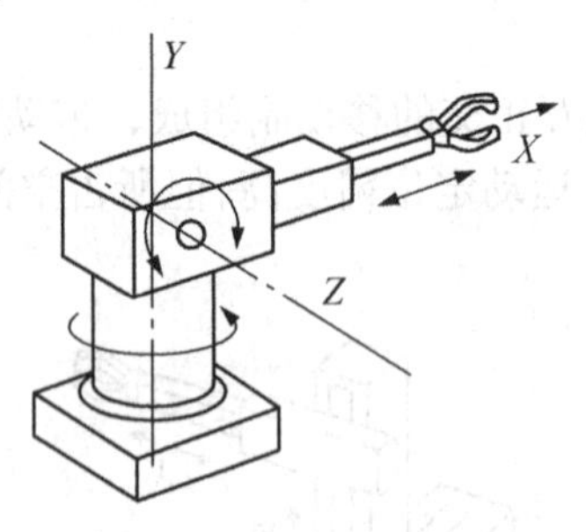

图2-22　极坐标型结构手臂

三、手臂的分类

根据臂部的运动和布局、驱动方式、传动和导向装置的不同，手臂结构可分为：①直线运动型结构手臂；②回转运动型结构手臂；③摆动运动型结构手臂；④其他新型结构手臂。

（一）直线运动型结构手臂

直线运动型手臂结构的机器人，手臂的伸缩、横向移动均属于直线运动。实现手臂往复直线运动的机构形式比较多，常用的有活塞油（气）缸、齿轮齿条机构、丝杠螺母机构以及连杆机构等。由于活塞油（气）缸的体积小、重量轻，因而在机器人的手臂结构中应用比较多。图2-23所示为双导向杆手臂的伸缩结构，手臂和手腕通过连接板安装在升降油缸的上端，当双作用油缸的两腔分别通入压力油时，则推动活塞杆（即手臂）做往复直线移动；导向杆在导向套内移动，以防手臂伸缩式转动（并兼作手腕回转缸及手部的夹紧油缸用的输油管道）。由于手臂的伸缩油缸安装在两根导向杆之间，由导向杆承受弯曲作用，活塞杆只受拉压作用，故受力简单、传动平稳、外形整齐美观、结构紧凑。

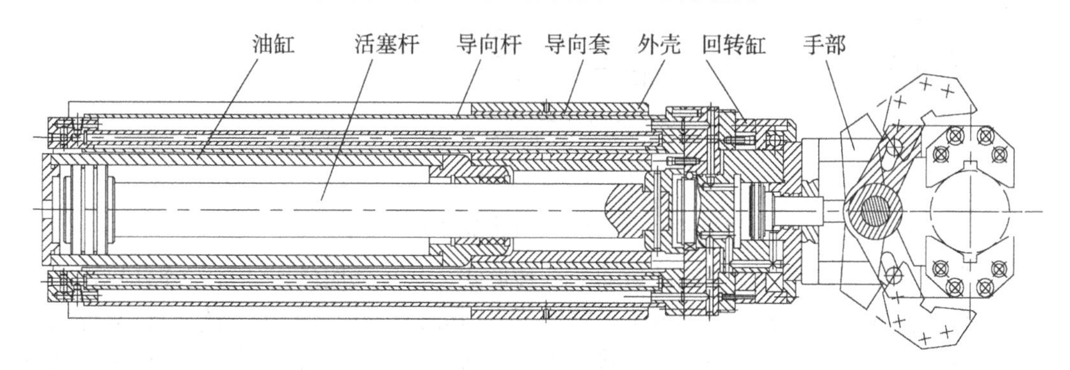

图2-23 双导向杆手臂的伸缩结构图

（二）回转运动型结构手臂

实现机器人手臂回转运动的机构是多种多样的，常用的有叶片式回转缸、齿轮传动机构、链轮传动机构、活塞缸和连杆机构等。图2-24所示为回转运动型手臂结构示意图，图中以齿轮传动机构中活塞缸和齿轮齿条机构实现手臂的回转。

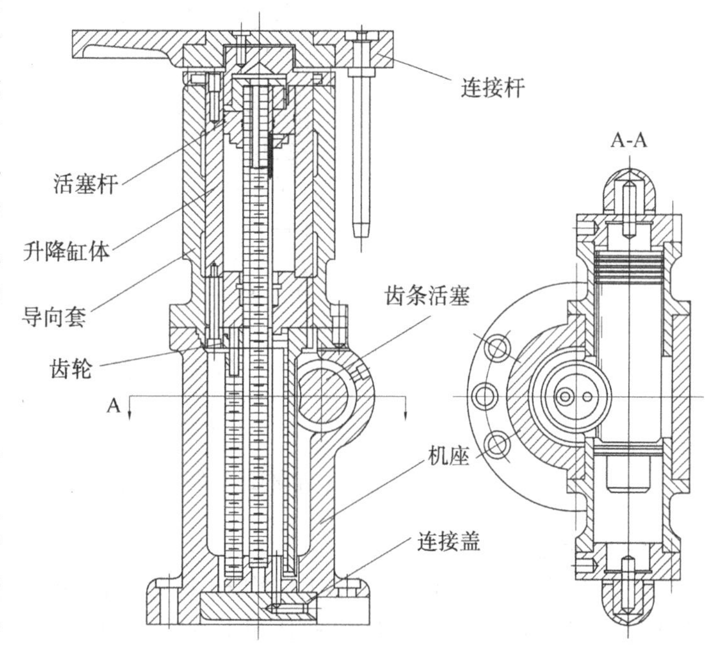

图2-24 回转运动型结构手臂应用实例示意图

（三）摆动运动型结构手臂

摆动运动型结构是手臂由平面四杆机构演变产生的，不仅要满足回转运动的要求，而且要满足受力和结构上的要求。图2-25所示为平面四杆机构演变的示意图。

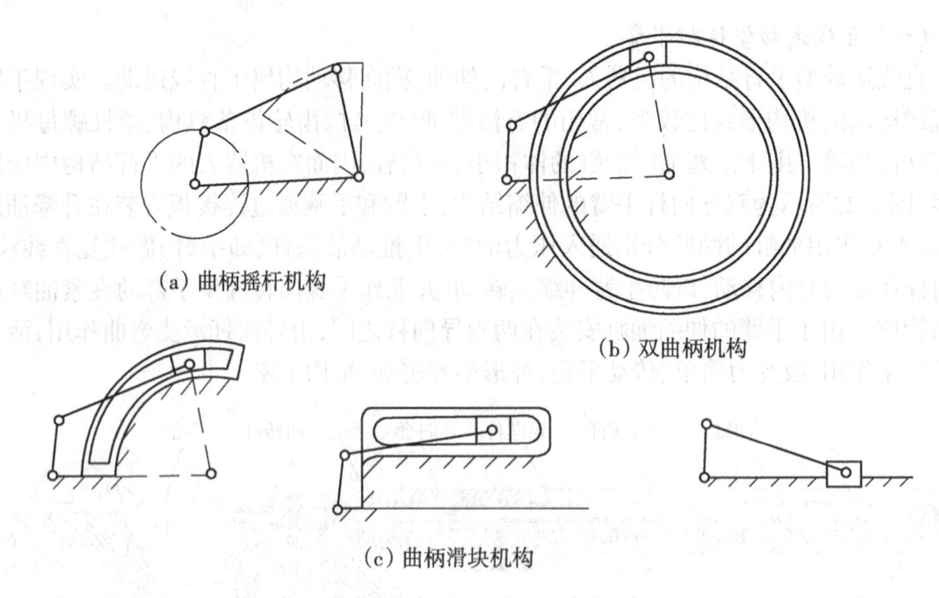

图2-25　平面四杆机构演变的示意图

机器人的手臂俯仰运动是摆动运动的一种形式，一般采用活塞油缸与连杆机构来实现。手臂的俯仰运动用的活塞缸位于手臂的下方，其活塞杆和手臂用铰链连接，缸体采用尾部耳环或中部销轴等方式与立柱连接。图2-26所示为摆动（俯仰）运动型结构手臂的应用实例示意图。

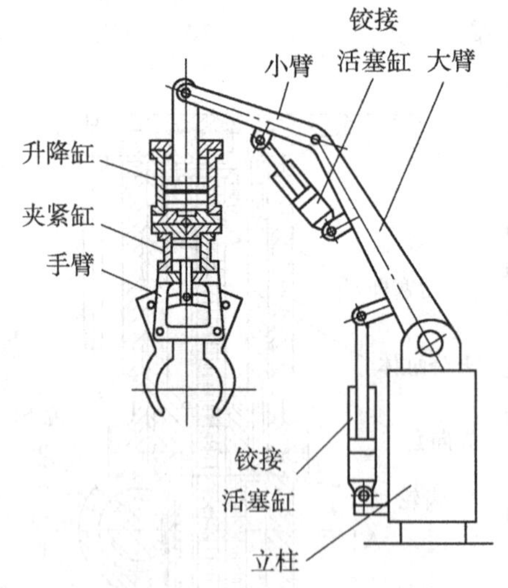

图2-26　摆动（俯仰）运动型结构手臂的应用实例示意图

（四）新型结构手臂

图2-27所示为蛇形手臂机器人实物图。这种蛇形手臂具有高度柔性，可深入装配结构中进行均匀涂层，从而提高生产率，适用于飞机翼盒的组装探视工作及引擎组装中进行深度检测等。常规的工业机器人系统关节尺寸大，无法在狭小空间内完成这类作业，从而仿象鼻、章鱼须或蛇等柔性多节结构的灵巧关节工业机器人应运而生。英国OC Robotics公司

为空中客车英国公司开发了系列蛇形臂机器人，能够钻入机翼内部进行检测、紧固和密封。德国宇航中心DLR、美国Meka Robotics公司、瑞典ABB公司等机构在柔性关节领域开展了深入研究，部分产品正逐渐投入市场。

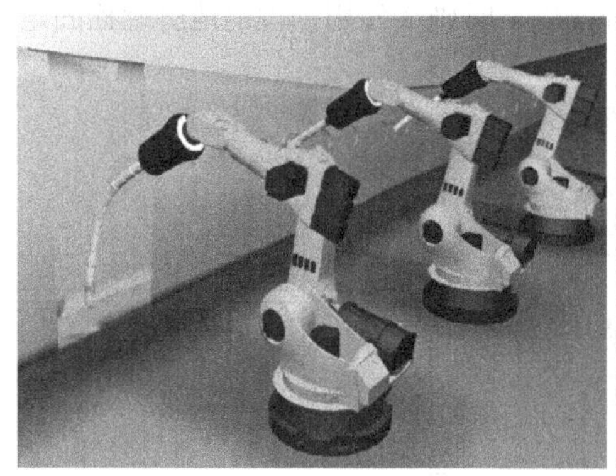
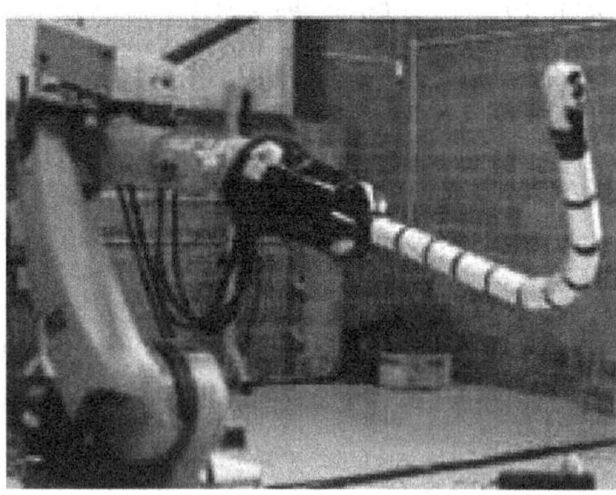

图2-27 蛇形手臂机器人实物图

2.4 基座结构

机器人基座是机器人的基础部分，起支撑作用，可分为固定式和移动式两种。一般工业机器人中的立柱式、基座式和屈伸式机器人大多属固定式，但随着海洋科学、原子能工业及宇宙空间事业的发展，可以预见具有智能的、可移动机器人是今后机器人的发展方向。

一、固定式机器人

固定式机器人的基座既可直接连接在地面基础上，也可固定在机身上。图2-28所示为美国PUMA-262型垂直多关节型机器人，其基座主要包括立柱回转（第一关节）的二级齿轮减速传动，减速箱体即为基座。

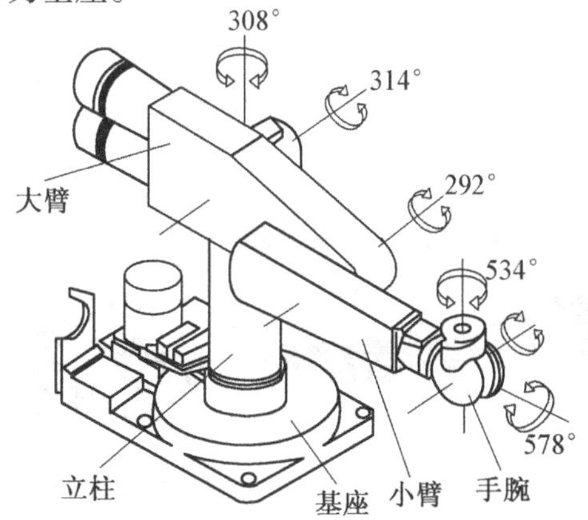

图2-28 美国PUMA-262型垂直多关节型机器人

工业机器人底座加工尺寸、底座固定螺丝的位置尺寸和螺丝孔尺寸按照机器人的基座要求加工，机器人的底座的高度根据客户的工装夹具的要求进行制作。图2-29所示为某工业机器人的底座安装图。机器人的底座必须固定可靠，当地面混凝土的厚度在200mm及以上时可以使用铁膨胀螺栓固定，如果在200mm以下时则要使用预埋的地脚螺栓固定。

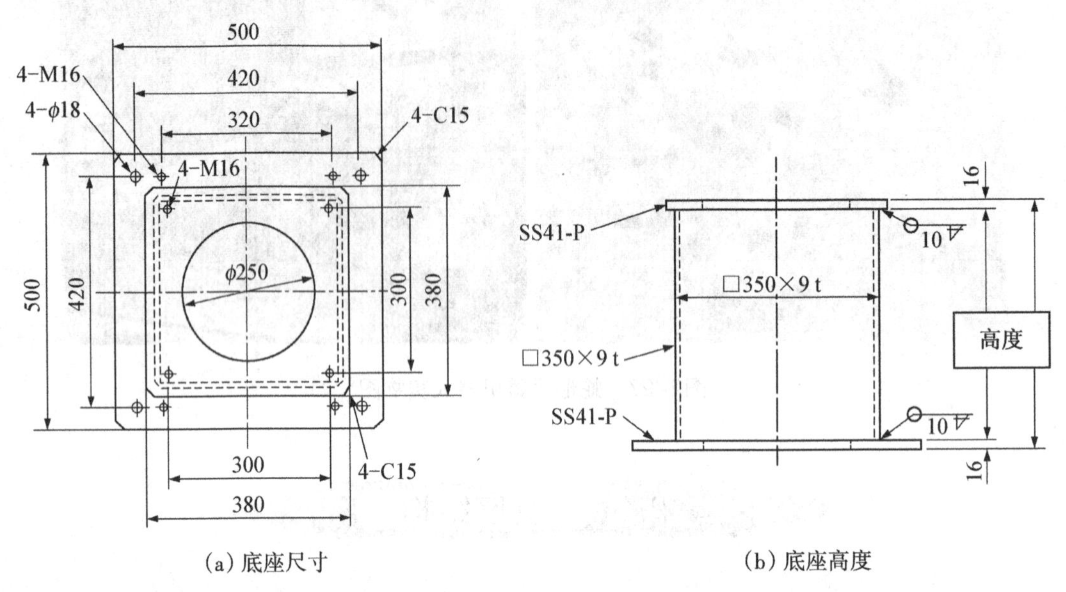

(a) 底座尺寸　　(b) 底座高度

图2-29　某工业机器人底座示意图

二、移动式机器人

移动机构是移动式机器人的重要执行部件，它由行走的驱动装置、传动机构、位置检测元件、传感器电缆及管路等组成。移动机构分为固定轨迹式和履带式两种。

（一）固定轨迹式移动机构

固定轨迹式移动机构机器人的机身设计成横梁式，用于悬挂手臂部件，机器人实现在更广阔的空间内运动。这是工厂中常见的一种配置形式。图2-30所示为固定轨迹式移动机构机器人示意图。

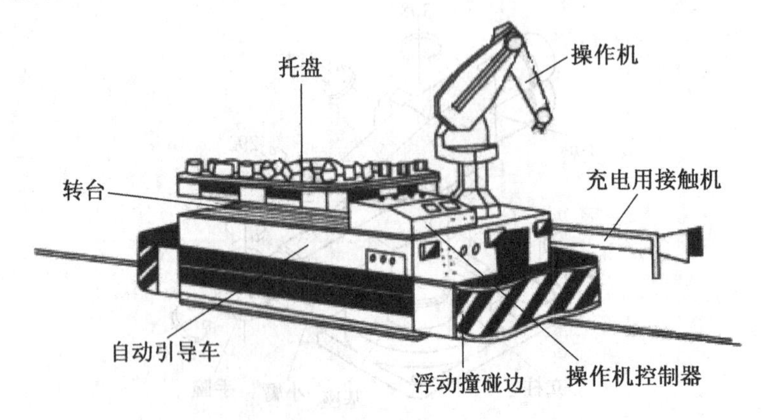

图2-30　固定轨迹式移动机构机器人示意图

（二）履带式移动机构

图2-31所示为履带式移动机构机器人示意图。轮式行走机构在野外或海底工作，遇到松软地面时可能陷车，故宜采用履带式行走机构。它是轮式移动机构的拓展，履带本身起着给车轮连续铺路的作用。

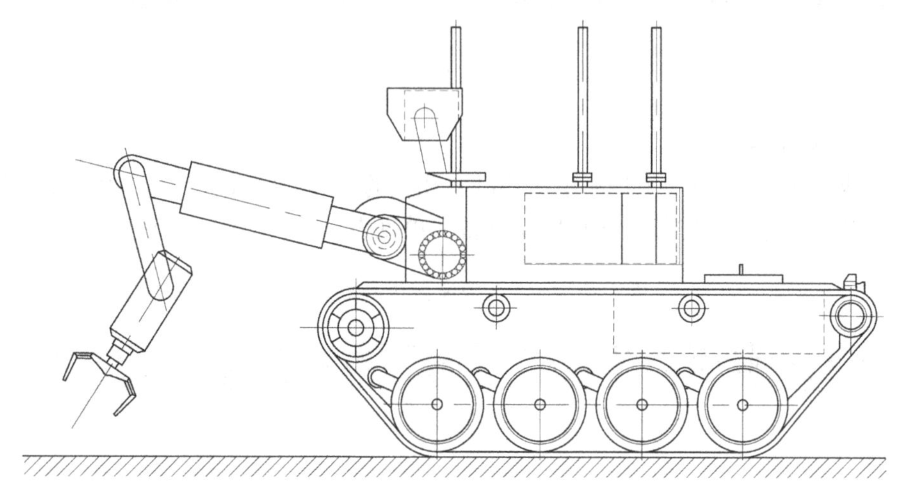

图2-31　履带式移动机构机器人示意图

2.5 观看六轴工业机器人的机械结构

一、任务目标

1. 认识某工业机器人机械结构组成和各部分的作用。
2. 辨识某工业机器人的手部、手腕、手臂、机身、基座部件及部分参数。
3. 分析工业机器人机械结构组成图。

二、任务描述

学完本项目之后，老师带领学生走进学校的工业机器人机械装配实训工场（或观看视频），老师事先准备好工业机器人机械零部件若干或机械零部件分解视频，要求学生分小组辨识工业机器人机械结构组成，并记录名称、参数和作用。

三、任务准备

（一）小组分工

根据班级规模将学生分为若干个小组，每组以5~6人为宜，并讨论推荐1人为小组长，负责本组工作计划制定、具体实施、讨论汇总及统一协调；推荐1人为汇报人，负责本小组工作情况汇报交流。小组成员及分工安排表见表2-1。

表2-1　小组成员及分工安排表

小组长	汇报人	成员1	成员2	成员3	成员4

（二）文具准备

为完成工作任务,每个工作小组需要准备相关的文具用品等。凡属借用的,在完成工作任务后及时归还。工作任务文具用品准备清单见表2-2。

表2-2　工作任务文具用品准备清单

序号	名称	规格型号	单位	数量	是否自备	申领(借用人)

四、任务计划(决策)

1. 根据小组讨论内容,在下面图框内写出参观时间、地点以及内容提要。

2. 在下面图框内写出六轴工业机器人主要结构名称及作用。

五、任务实施

1. 根据观察和查阅资料，在表2-3中写出某工业机器人机械结构部件类型及作用。

表2-3 某工业机器人机械结构

产品型号		生产厂家	
功能		轴数	
机械结构	类型	作用	
手部			
手腕			
手臂			
机身			

2. 图2-32所示为某工业机器人机械结构分解图，在下面图框中说明该机械结构名称和安装顺序。

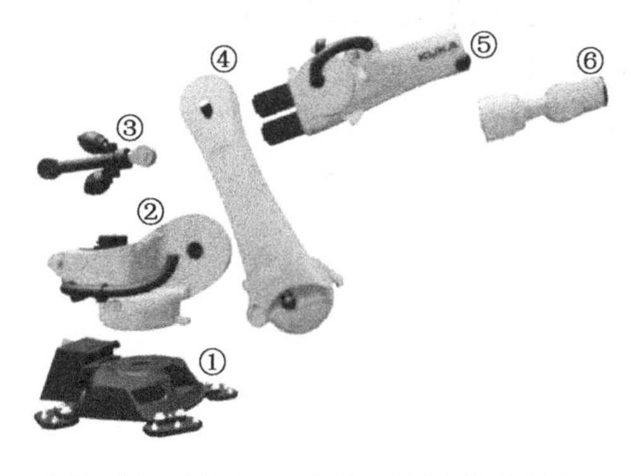

图2-32 某工业机器人机械结构分解图

六、任务检查(评价)

1. 各小组汇报人整合小组参观情况，撰写报告并汇报。
2. 小组其他人员补充。

3. 其他小组成员提出建议。
4. 填写评价表，见表2-4。

表2-4　评价表

小组名称		小组成员					
评价项目	评价内容	本组自评	组间互评	教师评价	权重	得分小计
职业素养	1. 遵守各项规章制度 2. 按时完成工作任务 3. 积极主动承担工作任务 4. 注意人身安全、设备安全 5. 遵守"6S"规则 6. 团队协作精神。专心、精益求精				0.3	
专业能力	1. 工作计划详细，工作准备充分 2. 能完整说出工业机器人的机械结构组成、类型和作用 3. 通过查阅资料和团结协作，正确回答问题 4. 能遵守实训室操作规程				0.5	
创新能力	1. 方案和计划可行性强 2. 提出自己的独到见解及其他创新				0.2	
合计						
描述性评价						

七、任务拓展

分析某工业机器人结构组成图，说明各部分的作用。

一、填空题

1. 工业机器人的机械部分主要由________、________、________、________四部分构成。

2. 机器人的手部安装于机器人手臂________，所以又称为________，具有________、________、________的功能。工业机器人手爪按工作原理可以分为________、________、真空吸盘三大类。

3. 机械手爪按照夹持形式可以分为________、________、________三种。

4. 电磁吸盘只能吸住________制成的工件，吸不住________和________材料工件。

5. 真空式吸盘根据真空产生的原理可分为________、________、________三种，________不需要真空泵系统，也不需要压缩空气气源。

6. 机器人仿生手几乎人手指能完成的________它都能模仿，像拧螺丝、弹钢琴、做礼仪手势等动作。多手指仿生手可在各种极限环境下完成人无法实现的操作，如________、________等。

7. 机器人的手腕是连接________与________的部件，它的主要作用是调节或改变工件的________。

8. 手腕按自由度数目，可分为________度手腕、________度手腕和________度手腕。

9. 手臂部件是机器人的主要________，它的作用是支撑________和________，并带动它们在________。

10. 机器人的基座是机器人的基础部分，起支撑作用，可分为是________和________两种。

二、选择题

1. 工业机器人手爪分为三种，分别是(　　)。

① 夹钳式手爪 ② 气附式手爪 ③ 机械式手爪 ④ 磁力吸盘手爪 ⑤ 真空式吸盘手爪

A. ①②③　　B. ①③④　　C. ③④⑤　　D. ①④⑤

2. 三自由度手腕的形式有(　　)。

① BBR手腕 ② BRR手腕 ③ RRR手腕 ④ BBB手腕 ⑤ BRB手腕

A. ①②③　　B. ①②③④　　C. ②③④　　D. ①④⑤

3.手爪的主要功能是抓住工件、握持工件和(　　)工件。

A. 固定　　B. 定位　　C. 释放　　D. 触摸

4. RRR型手腕是(　　)自由度手腕。

A. 一　　B. 二　　C. 三　　D. 四

5. 工作范围是指机器人(　　)或手部中心所能到达的点的集合。

A. 机械手　　B. 手臂末端　　C. 手臂　　D. 行走部分

6. 真空式吸盘要求工件表面(　　)、干燥清洁,同时气密性好。

A. 粗糙　　B. 凹凸不平　　C. 平缓突起　　D. 平整光滑

三、判断题

1. 机器人手臂是连接机身和手腕的部分。它是执行机构中的主要运动部件,主要用于改变手腕和末端执行器的空间位置,满足机器人的作业空间,并将各种负荷传递到基座上。(　　)

2. 机器人的手腕有三个自由度,分别称为回转、俯仰、偏转。(　　)

3. 磁力吸盘能够吸住所有金属材料制成的工件。(　　)

4. 工字形截面弯曲刚度一般比圆截面要小。(　　)

5. 摆动运动型结构手臂是由平面四杆机构演变产生的。(　　)

四、简答题

1. 画图叙述二指手爪弹性机械手的工作原理。

2. 对工业机器人手腕结构有哪些总体要求?

3. 工业机器人的手臂结构的基本要求有哪些?

4. 工业机器人的手臂有哪些分类方式?简述各种分类方式下的分类。

5. 常见的机器人基座有哪两种?每一种又可分为哪几种?

项目三　观察工业机器人的驱动控制系统

如果说工业机器人本体是其“肢体”，那么驱动系统相当于工业机器人的“肌肉”和“筋络”，它驱使工业机器人按照控制系统发出的指令信号，借助于动力元件使机器人产生动作；控制器是工业机器人的“大脑”和“心脏”，它是决定机器人功能和水平的关键部分，也是机器人系统中更新发展最快的部分。本项目从工业机器人驱动系统、控制系统、人机交互系统的组成、特点、功能和作用等方面进行概括性介绍，并对控制系统示教，再现控制、离线编程控制、运动控制、计算机控制等机器人控制方式进行分析和讲解。

扫码看本项目 PPT

3.1 驱动系统

驱动系统是驱使工业机器人机械臂运动的机构。它按照控制系统发出的指令信号,借助于动力元件使机器人产生动作,相当于人的肌肉、筋络。工业机器人的驱动系统包括传动机构和驱动装置两部分,它们通常与执行机构连成机器人本体。

一、传动机构

机器人主要的传动机构如图3-1所示,机构主要组成有减速器、滚珠丝杠、链、带以及各种齿轮系。目前工业机器人广泛采用的机械传动机构是减速器,应用在关节型机器人上的减速器主要有两类:谐波减速器和RV减速器。将谐波减速器放置在小臂、手腕或手部等轻负荷的位置(主要用于20kg以下的机器人关节);一般将RV减速器放置在基座、腰部、大臂等重负荷的位置(主要用于20kg以上的机器人关节)。此外,机器人还采用齿轮传动、链条(带)传动、直线运动单元等。

图3-1 机器人关节传动机构

(一)谐波减速器

谐波减速器通常由3个基本构件组成,包括一个有内齿的钢轮,一个工作时可产生径向弹性变形并带有外齿的柔轮和一个装在柔轮内部、呈椭圆形、外圈带有柔性滚动轴承的波发生器。在这三个基本结构中可任意固定一个,其余一个为主动件、一个为从动件,如图3-2所示。

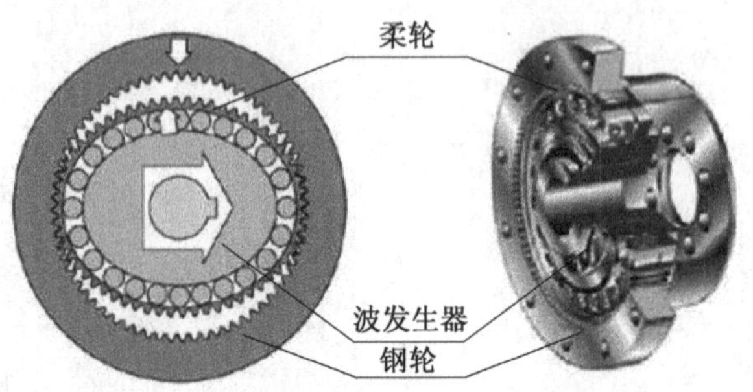

图3-2 谐波减速器基本构件组成示意图

（二）RV减速器

RV减速器如图3-3所示，主要由太阳轮（中心轮）、行星轮、转臂（曲柄轴）、转臂轴承、摆线轮（RV齿轮）、针齿、刚性盘与输出盘等零部件组成。它具有较高的疲劳强度和刚度，以及较长的寿命和稳定的回差精度。高精度机器人传动多采用RV减速器。表3-1为RV减速器和谐波减速器比较表。

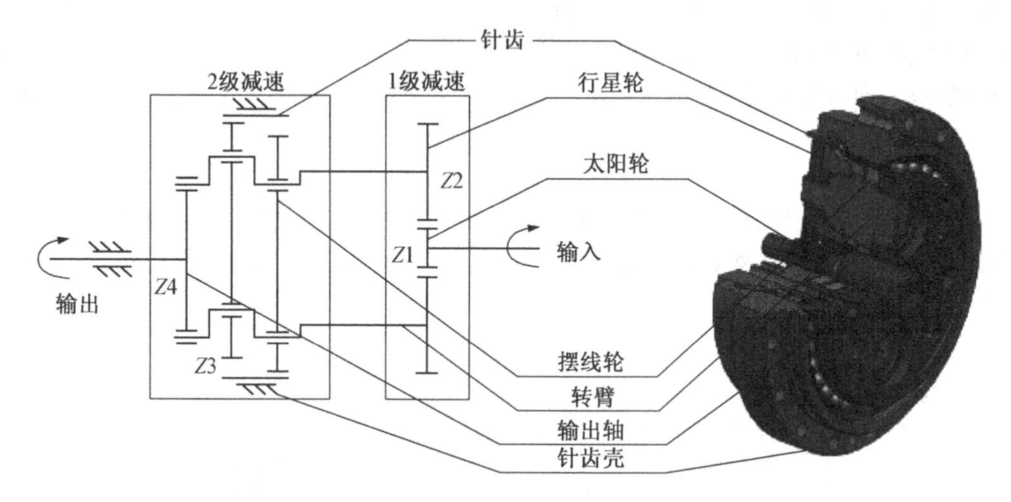

图3-3 RV 减速器结构组成示意图

表3-1 RV减速器和谐波减速器比较表

分类	图示	应用	特点	市场占有率
谐波减速器	刚轮 柔轮 波发生器	放置在小臂、手腕或手部	体积小、重量轻、承载能力大、运动精度高、单级传动比大	Harmonic Drive 公司目前全球市场占有率高达 80%
RV减速器		放置在基座、大臂、肩部等重负荷位置	具有更高的刚度和回转精度。传动比大、传动效率高、运动精度高、回差小、低振动、刚性大、高可靠性等	日本的纳博特斯克（帝人）占有全球 60% 的市场份额，日本住友占据全球约 30% 的市场份额

二、驱动装置

工业机器人常用的驱动装置有液压驱动装置、气动驱动装置和电动驱动装置三种基本类型。早期的机械手和机器人中，其操作机多应用连杆机构中的导杆、滑块、曲柄，采用液压(气压)活塞缸(或回转缸)来实现其直线和旋转运动。随着控制技术的发展，对机器人操作机各部分动作要求的不断提高，电动驱动在机器人中应用日益广泛。目前，除个别运动精度不高、重负荷或有防爆要求的机器人采用液压、气动驱动外，工业机器人大多采用电动驱动，而其中属交流伺服电机应用最广，且驱动器布置大多采用一个关节一个驱动器。

(一) 液压驱动装置

图3-4所示为液压驱动装置的组成示意图，它由液压源、驱动器、伺服阀、传感器和控制器等组成。采用液压驱动的工业机器人，具有点位控制和连续轨迹控制功能，并具有防爆性能。

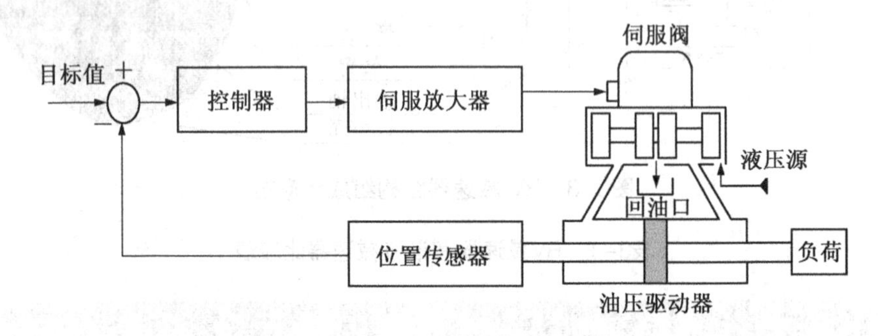

图3-4　液压驱动装置的组成示意图

液压驱动装置的工作特点：

(1) 在系统的输出和输入之间存在反馈连接，从而组成闭环控制系统。

(2) 系统的主反馈是负反馈。

(3) 系统的输入信号功率很小，而系统的输出功率可以达到很大。

液压驱动装置的工业机器人由电气控制来构成电液伺服系统，通过电气传动方式，用电气信号输入系统来操纵有关的液压控制元件动作，控制液压执行元件，使其跟随输入信号而动作。这类伺服系统中电液两部分都采用电液伺服阀作为转换元件。图3-5所示为机械手手臂伸缩运动的电液伺服系统示意图。当数控装置发出一定数量的脉冲时，步进电机就会带动电位器的动触头转动。假设顺时针转过一定的角度β，这时电位器输出电压为u，经放大器放大后输出电流i，使电液伺服阀产生一定的开口量。这时电液伺服阀处于左位，压力油进入液压缸左腔，活塞杆右移，带动机械手手臂右移，液压缸右腔的油液经电液伺服阀返回油箱。此时，机械手手臂上的齿条带动齿轮也顺时针移动，当其转动角度$\alpha=\beta$时，动触头回到电位器的中位，电位器输出电压为零，相应放大器输出电流为零，电液伺服阀回到中位，液压油路被封锁，手臂即停止运动。当数控装置发出反向脉冲时，步进电机逆时针方向转动，和前面正好相反，机械手手臂就会缩回。

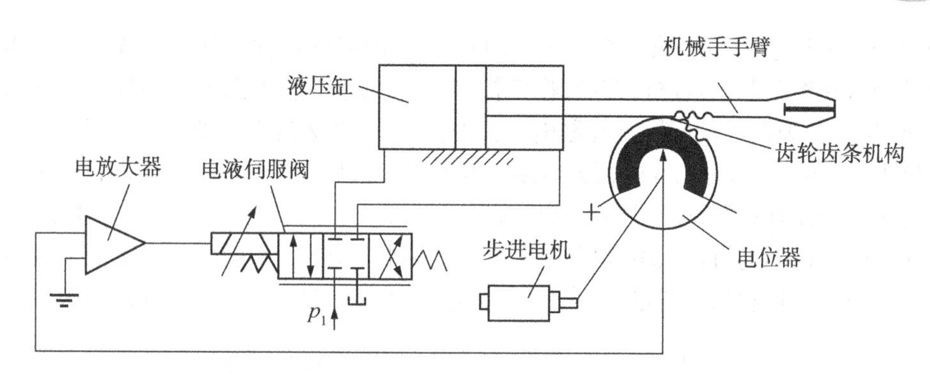

图3-5 机械手手臂伸缩运动的电液伺服系统示意图

（二）气动驱动装置

气动驱动装置与液压驱动装置相似，只是传动介质不同，是利用气体的抗挤压力来实现力的传递。气动驱动回路主要由气源装置、执行元件、控制元件及辅助元件四部分组成。气动驱动装置多用于两位式或有限点位控制的工业机器人，如冲压机器人、装配机器人的气动夹具、点焊等较大型通用机器人的气动平衡。机器人末端执行器气动驱动装置示意图如图3-6所示。

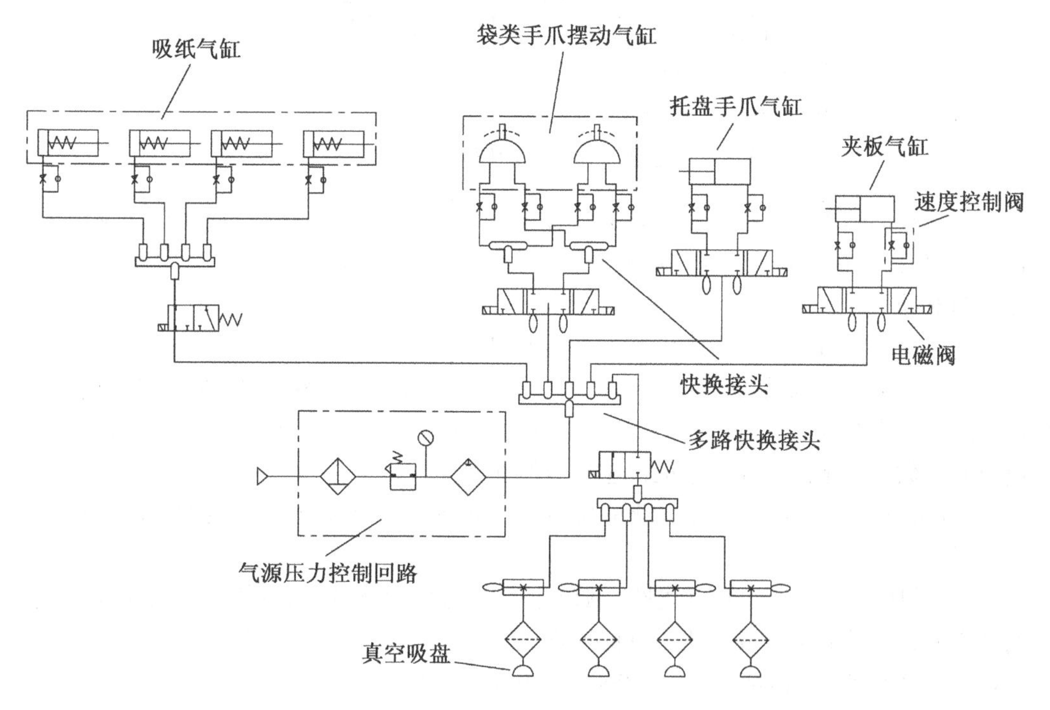

图3-6 机器人末端执行器气动驱动装置示意图

（三）电动驱动装置

电动驱动是利用各种电动机产生的力和力矩，直接或经过减速机构驱动机器人的关节，以获得所要求的位置、速度和加速度的驱动方法。电动驱动装置包括驱动器和电动机

两部分。对于电动驱动，第一个要解决的问题是如何让电动机根据要求转动。一般由专门的控制卡和控制芯片来进行控制，将微控制器和控制卡连接起来，就可以用程序来控制电动机。第二个要解决的问题是控制电动机的速度，主要表现在机器人各关节部件实际运动速度上。图3-7所示为工业机器人电动驱动装置原理图。工业机器人电动伺服系统的一般结构为三个闭环控制，即电流环、速度环和位置环。它是利用各种电动机产生的力矩和力，直接或间接地驱动机器人本体以获得机器人各种运动的执行机构。电动驱动系统要求有较大功率质量比和扭矩惯量比、高起动转矩、低惯量和较宽广且平滑的调速范围。

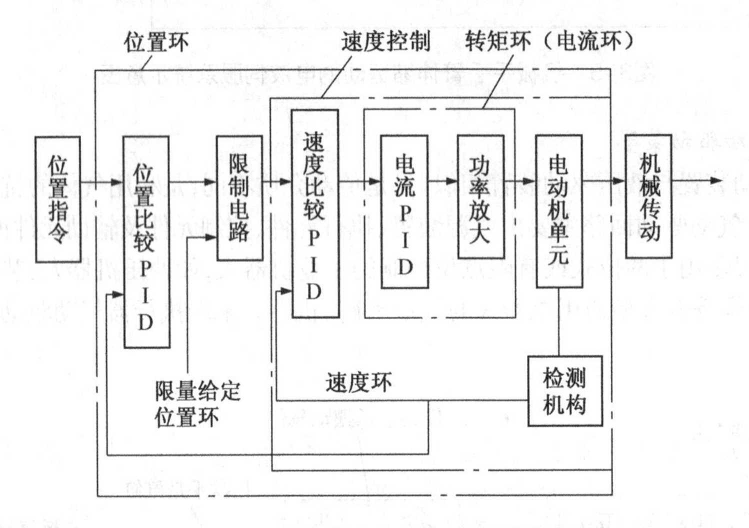

图3-7　工业机器人电动驱动装置原理图

现在一般都利用交流伺服驱动器来驱动电动机，故伺服电机必须具有较高的可靠性和稳定性，并且具有较大的短时过载能力。机器人末端执行器（手爪）应采用体积、质量尽可能小的电动机。

电动驱动装置对关节驱动电机的主要要求如下：

（1）快速性。电动机从获得指令信号到完成指令所要求工作状态的时间应短。响应指令信号的时间愈短，电动驱动系统的灵敏性愈高，快速响应性能愈好。一般以伺服电机的机电时间常数大小来说明伺服电机快速响应的性能。

（2）起动转矩惯量比大。在驱动负荷的情况下，要求机器人伺服电机的起动转矩大，转动惯量小。

（3）控制特性的连续性和直线性。随着控制信号的变化，电动机的转速能连续变化，有时还需转速与控制信号成正比或近似成正比。

（4）调速范围宽。能使用于1∶1 000~1∶10 000的调速范围。

（5）体积小、质量小、轴向尺寸短。

（6）可进行十分频繁的正反向和加减速运行，并能在短时间内承受过载。

伺服电机是工业机器人的动力系统，一般安装在机器人的“关节”处，是机器人运动的“心脏”。“伺服”一词源于希腊语“奴隶”的意思。“伺服电机”可以理解为绝对服从控制信号指挥的电机，在控制信号发出之前，转子静止不动；当控制信号发出时，转子立即转动；当控制信号消失时,转子能即时停转。伺服电机是自动控制装置中被用作执行元件的微特电机,其功能是将电信号转换成转轴的角位移或角速度。图3-8所示为交流伺服电机实物图。

图3-8 交流伺服电机实物图

一般伺服电机是指带有反馈的直流电动机、交流电动机、无刷电动机或者步进电动机,它们通过控制以期望的转速(和相应的期望转矩)运动达到期望转角。为此,反馈装置向伺服电机控制器电路发送信号,提供电机的角度和速度。如果负荷增大,则转速就会比期望转速低,电流就会增加直到转速和期望值相等;如果信号显示比期望值高,电流就会相应地减小。如果还使用了位置反馈,那么位置信号用于在转子达到期望的角位置时关掉电机。图3-9所示为伺服电机驱动原理框图。

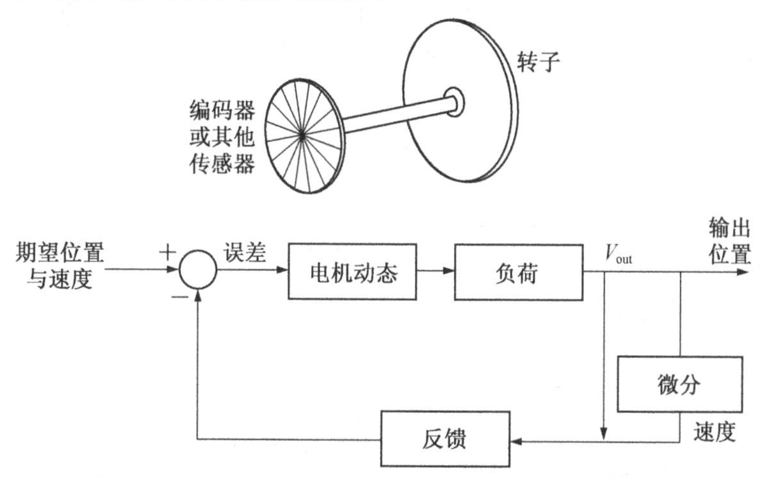

图3-9 伺服电机驱动原理框图

目前,一般负荷1 000N以下的工业机器人大多采用电动驱动系统。所采用的关节驱动电动机主要是AC伺服电机、步进电动机和DC伺服电机。

交流伺服电机由于采用电子换向,无换向火花,在易燃易爆环境中得到了广泛使用。步进电动机主要适用于开环控制系统,一般用于位置和速度精度要求不高的环境。机器人关节驱动电动机的功率范围一般为0.1~10kW。

液压驱动、气动驱动和电动驱动三种基本驱动装置的主要性能特性见表3-2。

表3-2　三种基本驱动装置的主要性能特点

内容	液压驱动	气动驱动	电动驱动
输出功率	很大 压力范围为:50~1400N/cm^2,液体的不可压缩性	大 压力范围为:40~60N/cm^2,最大可达100N/cm^2	较大
控制性能	控制精度较高，可无级调速，反应灵敏，可实现连续轨迹控制	气体压缩性大,精度低,阻尼效果差，低速不易控制，难以实现伺服控制	控制精度高，能精确定位,反应灵敏,可实现高速、高精度的连续轨迹控制，伺服特性好,控制系统复杂
响应速度	很高	较高	很高
结构性能及体积	执行机构可标准化、模块化，易实现直接驱动,功率/质量比大,体积小,结构紧凑,但密封问题较大	执行机构可标准化、模块化,易实现直接驱动,功率/质量比较大,体积小,结构紧凑,密封问题较小	伺服电机易于标准化,结构性能好,噪声低。电动机一般需配置减速装置，除直接驱动(Direct Drive,DD)的电动装置外，都难以进行直接驱动,结构紧凑,无密封问题
安全性	防爆性能较好,用液压油作传动介质,在一定条件下有火灾危险	防爆性能好，高于1 000kPa(10个大气压)时应注意设备的抗压性	设备自身无爆炸和火灾危险,直流有刷电动机换向时有火花,对环境的防爆性能较差
对环境的影响	泄漏对环境有污染	排气时有噪声	很小
效率与成本	效率中等(30%~60%),液压元件成本较高	效率低(15%~20%),气源方便,结构简单,成本低	效率为50%左右,成本高
维修及使用	方便,但油液对环境温度有一定要求	方便	较复杂
在工业机器人中的应用范围	适用于重载、低速驱动,电液伺服系统适用于喷涂机器人、重载点焊机器人和搬运机器人	适用于中小负荷，快速驱动，精度要求较低的有限点位程序控制机器人,如冲压机器人、机器人本体的气动平衡及装配机器人气动夹具	适用于中小负荷,要求具有较高的位置控制精度和速度较高的机器人,如AC伺服喷涂机器人、点焊机器人、弧焊机器人、装配机器人等

一般情况下,各种机器人驱动装置的设计选用遵循以下原则：

(1) 根据负荷大小选用。

① 低速重负荷时可选用液压驱动装置。

② 轻负荷、中等负荷时可选用电动驱动装置。

③ 轻负荷、高速时可选用气动驱动装置。

(2) 根据作业环境要求选用。从事喷涂作业的工业机器人,由于工作环境需要防爆,考虑到其防爆性能,多采用液压驱动装置和具有本征防爆功能的交流电动驱动装置。在腐蚀性、易燃易爆气体、放射性物质环境中工作的移动机器人,一般采用交流伺服驱动。如要求在洁净环境中使用,则多要求采用直接驱动(DD)的电动驱动装置。

(3) 根据操作运行速度选用。要求其有较高的点位重复精度和较高的运行速度,通常在速度相对较低(≤4.5m/s)的情况下,可采用AC、DC或步进电动机伺服驱动装置;在速度、精度要求均很高的条件下,多采用直接驱动(DD)的电动驱动装置。

(四) 新型驱动装置

1. 压电驱动装置。压电效应的原理是,如果对压电材料施加压力,它便会产生电位差(称为正压电效应);反之,施加电压,则产生机械应力(称为逆压电效应)。

压电驱动器是利用逆压电效应,将电能转变为机械能或机械运动,实现微量位移的执行装置。压电材料具有很多优点:易于微型化、控制方便、低压驱动、对环境影响小以及无电磁干扰等。

2. 形状记忆合金驱动装置。形状记忆合金是一种特殊的合金,一旦使它记忆了任何形状,即使产生变形,但当加热到某一适当温度时,它就能恢复到变形前的形状。利用这种驱动器的技术即为形状记忆合金驱动技术。

3. 超声波电机驱动装置。超声波电机(Ultrasonic Motor, USM),是20世纪80年代中期发展起来的一种全新概念的新型驱动装置。它利用压电材料的逆压电效应,将电能转换为弹性体的超声振动,并将摩擦传动转换成运动体的回转或直线运动。超声波电机驱动装置是指应用这种超声波电机的装置。

4. 人工肌肉驱动装置。随着机器人技术的发展,驱动器从传统的电机-减速器的机械运动方式发展为骨架-腱-肌肉的生物运动方式。为了使机器人手臂能完成比较柔顺的作业任务,实现骨骼-肌肉的部分功能而研制的驱动装置称为人工肌肉驱动器。

现在已经研制出了多种不同类型的人工肌肉,如利用机械化学物质的高分子凝胶、形状记忆合金(SMA)制作的人工肌肉。应用最多的还是气动人工肌肉(Pneumatic Muscle Actuators)。英国Shadow公司的Mckibben型气动人工肌肉驱动装置如图3-10所示。

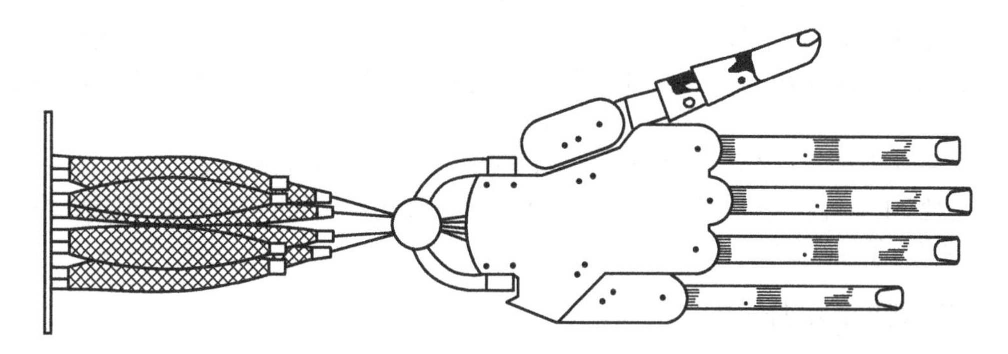

图3-10 英国Shadow公司的Mckibben型气动人工肌肉驱动装置

3.2 控制系统

控制系统是通过对驱动系统的控制,使执行机构按照规定的要求进行工作。控制系统一般由控制计算机和伺服控制器组成。控制计算机发出指令,协调各关节驱动器之间的运动,同时还要完成编程、示教/再现,以及和其他环境状态(传感器信息)、工艺要求、外部相关设备(如电焊机)之间的信息传递和协调工作,伺服控制各个关节驱动器,使各杆按一定的速度、加速度和位置要求进行运动。

一、控制系统的特点

控制系统是工业机器人的重要组成部分,它的机能类似于人脑。工业机器人要与外围设备协调动作,共同完成作业任务,就必须具备一个功能完善、灵敏可靠的控制系统。工业机器人的控制系统总体来讲可以分为两大部分,一部分是对其自身运动的控制,另一部分是工业机器人与其周边设备的协调控制。工业机器人控制研究的重点是对其自身的控制。

工业机器人控制系统的主要任务是控制机器人在工作空间中的运动位置、姿态和轨迹、操作顺序及动作的时间等项目,其中有些项目的控制是非常复杂的,这就决定了工业机器人的控制系统应具有以下特点:

(1) 传统的自动机械是以自身的动作为重点,而工业机器人的控制系统则更着重本体与操作对象的相互关系。

(2) 工业机器人的控制与其结构运动学和动力学有密不可分的关系,因而要使工业机器人的臂、腕及末端执行器等部位在空间具有准确无误的位姿,就必须在不同的坐标系中描述它们,并且随着基准坐标系的不同而要进行适当的坐标变换,同时要经常求解运动学和动力学问题。

(3) 描述工业机器人状态和运动的数学模型是一个非线性模型,因此随着工业机器人的运动环境的改变,其参数也在改变。因为工业机器人往往具有多个自由度,所以引起运动变化的变量不止一个,而且各个变量之间一般都存在耦合问题,这就使得工业机器人的控制系统不仅是一个非线性系统,而且是一个多变量系统。为使工业机器人的任一位置都可以通过不同的方式和路径达到,因而工业机器人的控制系统还必须解决优化的问题。

(4) 工业机器人还有一种特有的控制方式——示教/再现控制方式。

总之,工业机器人控制系统是一个与运动学和动力学原理密切相关的、有耦合的、非线性的多变量控制系统。

二、控制系统的分类

工业机器人控制结构的选择,是由工业机器人所执行的任务决定的,故对不同类型的机器人已经发展了不同的综合控制方法。工业机器人控制系统的分类,没有统一的标准。

(1) 按运动坐标控制的方式来分,可分为关节空间运动控制、直角坐标空间运动控制。

(2) 按控制系统对工作环境变化的适应程度来分,可分为程序控制系统、适应性控制系统、人工智能控制系统。

(3) 按同时控制机器人数目的多少来分,可分为单控系统、群控系统。

(4) 按作业任务的不同来分,可分为点位控制系统、连续轨迹控制系统、力(力矩)控制系统和智能控制系统等。

三、控制系统的主要功能

机器人控制系统是机器人的重要组成部分,用于对操作机的控制,以完成特定的工作任务,其基本功能如下:

(1) 记忆功能。具备存储作业顺序、运动路径、运动方式、运动速度和与生产工艺有关信息的功能。

(2) 示教功能。具备离线编程、在线示教、间接示教的功能。在线示教包括示教器和导引示教两种。

(3) 与外围设备联系功能。包括输入和输出接口、通信接口、网络接口、同步接口。

(4) 坐标设置功能。有关节、绝对、工具、用户自定义四种坐标系。

(5) 人机接口。包括示教器、操作面板、显示屏。

(6) 传感器接口。包括位置检测、视觉、触觉、力觉等。

(7) 位置伺服功能。具备机器人多轴联动、运动控制、速度和加速度控制、动态补偿等功能。

(8) 故障诊断安全保护功能。具备运行时系统状态监视、故障状态下的安全保护和故障自诊断功能。

四、控制系统的组成

图3-11所示为工业机器人控制系统组成框图,下面对图中主要结构及功能予以说明:

1. 控制计算机。它是控制系统的调度指挥机构,一般为微型机、微处理器,有32位、64位等,如奔腾系列CPU以及其他类型CPU。

2. 示教器。它是用于示教机器人的工作轨迹和参数设定,以及所有人机交互操作,拥有自己独立的CPU以及存储单元,与主计算机之间以串行通信方式实现信息交互。

3. 操作面板。由各种操作按键、状态指示灯构成,只完成基本功能操作。

4. 硬盘和软盘存储。它是存储机器人工作程序的外围存储器。

5. 数字和模拟量输入、输出。用作各种状态和控制命令的输入或输出。

6. 打印机接口。用于记录需要输出的各种信息。

7. 传感器接口。用于信息的自动检测,实现机器人柔顺控制,一般为力觉、触觉和视觉传感器。

8. 轴控制器。完成机器人各关节位置、速度和加速度控制。

9. 辅助设备控制。用于和机器人配合的辅助设备控制,如手爪变位器等。

10. 通信接口。实现机器人和其他设备的信息交换，一般有串行接口、并行接口等。

11. 网络接口。

(1) Ethernet接口：可通过以太网实现数台或单台机器人的直接PC通信，数据传输速率高达10Mbit/s，可直接在PC上用Windows库函数进行应用程序编程之后，支持TCP/IP通信协议，通过Ethernet接口将数据及程序装入各个机器人控制器中。

(2) Fieldbus接口：支持多种流行的现场总线规格，如Devicenet、ABRemoteI/O、Interbus-s、Profibus-DP、M-NET等。

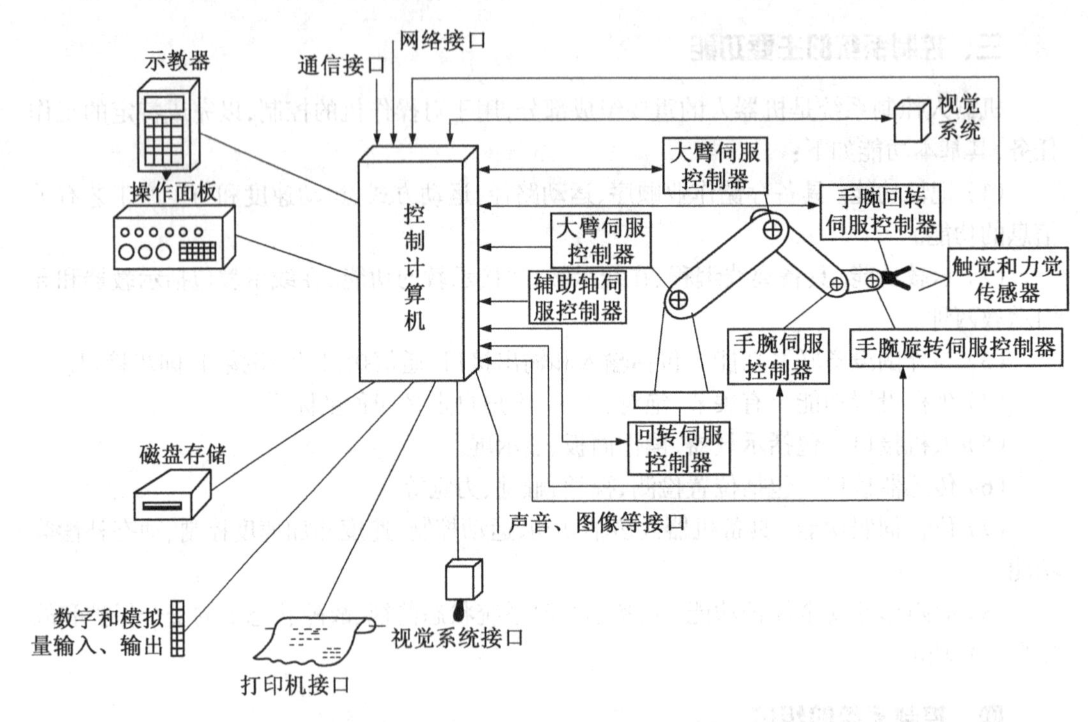

图3-11　工业机器人控制系统组成框图

五、控制方式

工业机器人的控制方式多种多样，根据作业任务的不同，主要可分为点位控制方式(PTP)、连续轨迹控制方式、力(力矩)控制方式和智能控制方式等。

(一) 点位控制方式

点位控制又称PTP控制，其特点是只控制工业机器人末端执行器在作业空间中某些规定离散点上的位置。控制时只要求工业机器人快速、准确地实现相邻点之间的运动，而对达到目标点的运动轨迹(包括移动的路径和运动的姿态)则不作任何规定，如图3-12(a)所示。这种控制方式的主要技术指标是定位精度和运动所需时间。由于其具有控制方式易于实现、定位精度要求不宜过高的特点，因而常被应用在上下料、搬运、点焊和在电路板上安插元件等只要求目标点处保持末端执行器位置准确的作业中。

(二) 连续轨迹控制方式

连续轨迹控制又称CP控制，其特点是连续控制工业机器人末端执行器在作业空间中的位置，要求其严格按照预定的轨迹和速度在一定的精度要求内运动，而且速度可控，轨迹光滑且运动平稳，以完成作业任务。工业机器人各关节连续、同步地进行相应的运动，其末端执行器即可形成连续的轨迹，如图3-12(b)所示。

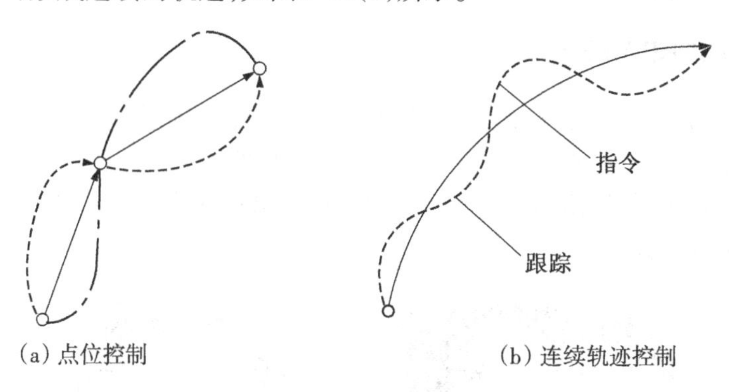

图3-12　工业机器人的控制方式

这种控制方式的主要技术指标是工业机器人末端执行器位置的轨迹跟踪精度及平稳性，通常弧焊、喷漆、去毛边和检测作业机器人都采用这种控制方式。

（三）力（力矩）控制方式

在完成装配、抓放物体等工作时，除要准确定位之外，还要求使用适度的力或力矩进行工作，这时就要利用力或力矩控制方式。这种方式的控制原理和位置与伺服控制原理基本相同，只不过输入量和反馈量不是位置信号，而是力（力矩）信号，所以系统中必须有力（力矩）传感器。

（四）智能控制方式

机器人的智能控制是通过传感器获得周围环境的信息，并根据自身内部和知识库做出相应的决策。采用智能控制技术，机器人就能具有较强的环境适应性及自觉能力。智能控制技术的发展依赖于近年来人工神经网络、基因算法、遗传算法等人工智能技术的迅速发展。

3.3　人机交互系统和机器人语言

人机交互（Human-Compter Interaction，HCI）是关于设计、评价和实现供人们使用的交互式计算机系统，并围绕这些方面主要现象进行研究的科学。

狭义地讲，人机交互技术主要是研究人和计算机之间的信息交换，它主要包括人到计算机和计算机到人的信息交换两部分。

对于前者，人们借助键盘、鼠标、操纵杆、数据服装、眼动跟踪器、位置跟踪器、数据手套、压力笔等设备，用手、脚、声音、姿态或身体的动作、眼睛甚至脑电波等向计算机传递信息；对于后者，计算机通过打印机、绘图仪、显示器、头盔式显示器（HMD）、音响等输出或显示设备给人提供信息。

机器人中最典型的人机交互装置就是示教器，它亦称示教编程器。示教器主要由液晶屏幕和操作按键组成，可由操作者手持移动，机器人的所有操作基本上都是通过它来完成的。示教器实质上就是一个专用的智能终端。

一、认识和使用示教器

机器人示教器是工业机器人的主要组成部分，其设计与研究均由各厂家自行研制，分为日标风格示教器和欧标风格示教器两大类。图3-13所示为工业机器人“四大家族”典型的示教器产品：ABB、库卡、发那科、安川电机，其中ABB、库卡为欧标风格示教器，发那科、安川电机为日标风格示教器。

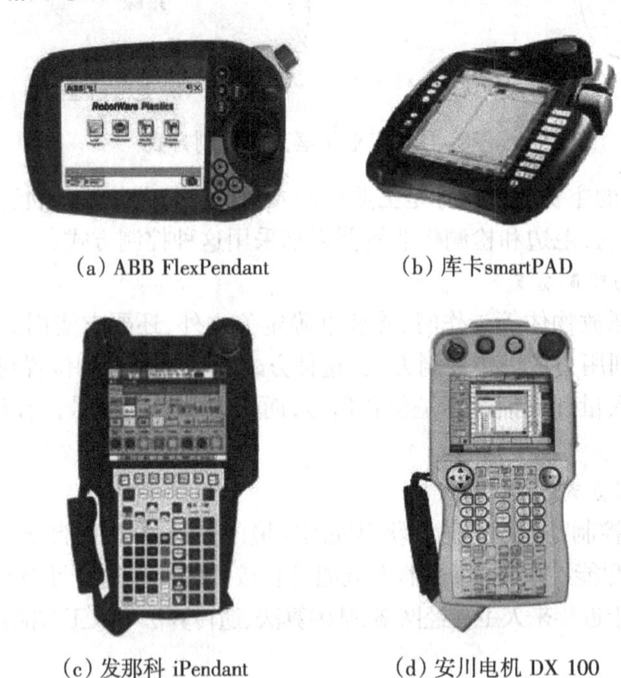

(a) ABB FlexPendant　(b) 库卡smartPAD

(c) 发那科 iPendant　(d) 安川电机 DX 100

图3-13 “四大家族”示教器的典型产品

不同家族的示教器虽然在外形、功能和操作上都有不同，但也有很多共同之处，结构上主要由显示屏和各种操作按键组成，显示屏主要由4个显示区组成。示教器功能键说明见表3-3。

菜单显示区：显示操作屏主菜单和子菜单。

通用显示区：在通用显示区，可对作业程序、特性文件、各种设定进行显示和编辑。

显示区：显示系统当前状态，如动作坐标系、机器人移动速度等。显示的信息根据控制柜的模式（示教或再现）不同而改变。

人机对话显示区：在机器人示教或自动运行过程中，显示功能图标以及系统错误信息等。

示教器按键设置主要包括急停键、安全开关、坐标选择键、轴操作键/JOG键、速度键、光标键、功能键、模式旋钮等。

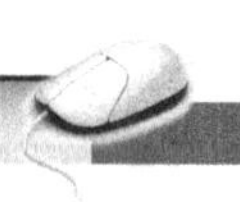

表3-3 示教器功能键说明表

序号	按键名称	按键功能
1	急停键	通过切断伺服电源立刻停止机器人和外部轴操作。一旦按下急停键,开关保持紧急停止状态;顺时针方向旋转,可解除紧急停止状态
2	安全开关	在操作时确保操作者的安全。只有安全开关被按到适中位置,伺服电源才能供给,机器人方可动作。一旦松开或按紧,则切断伺服电源,机器人立即停止运动
3	坐标选择键	手动操作时作为机器人的动作坐标选择键,它可在关节、直角、工具和用户等常见坐标系中选择。此键每按一次,坐标系变化一次
4	轴操作键	对机器人各轴进行操作的键。只有按住轴操作键,机器人才可动作。也可以按住两个或更多的键,操作多个轴
5	速度键	手动操作时,用这些键来调整机器人的运动速度
6	光标键	使用这些键在屏幕上按一定的方向移动光标
7	功能键	使用这些键可根据屏幕显示执行指定的功能和操作
8	模式按钮	选择机器人控制柜的模式(示教模式、再现/自动模式、远程/遥控模式等)

二、示教器示教时注意事项

1. 禁止用力摇晃机械臂及在机械臂上悬挂重物。

2. 示教时请勿戴手套。穿戴和使用规定的工作服、安全鞋、安全帽、保护用具等。

3. 未经许可不能擅自进入机器人工作区域。调试人员进入机器人工作区域时,需随身携带示教器,以防他人误操作。

4. 示教前,需仔细确认示教器的安全保护装置是否能够正确工作,如急停键、安全开关等。

5. 在手动操作机器人时要采用较低的倍率速度以增加对机器人的控制机会。

6. 在按下示教器上的轴操作键之前要考虑到机器人的运动趋势。

7. 要预先考虑好避让机器人的运动轨迹,并确认该路径不受干涉。

8. 在察觉到有危险时,立即按下急停键,停止机器人运转。

三、机器人语言

机器人语言都是机器人公司自己开发的针对用户的语言平台,它是给用户示教编程使用的,力求通俗易懂。C语言、C++语言、基于IEC61131标准语言等是机器人公司进行机器人系统开发时所使用的语言平台。这一层次的语言平台可以编写翻译解释程序,针对用户示教的语言平台编写的程序进行翻译,解释成该层语言所能理解的指令。该层语言平台主要进行运动学和控制方面的编程,最底层就是机器语言,如基于Intel硬件的汇编指令

等。商用机器人公司提供给用户的编程接口一般都是自己开发的简单的示教编程语言系统,如库卡、ABB等。机器人控制系统提供商提供给用户的一般是第二层语言平台,在这一平台层次,控制系统供应商可能提供了机器人运动学算法和核心的多轴联动插补算法,用户可以针对自己设计的产品自由地进行二次开发。当然该层语言平台具有较好的开放性,但是用户的工作量会相应增加。下面介绍一下工业机器人常用的四种语言。

1. VAL语言。VAL语言是美国Unimation公司于1979年推出的一种机器人编程语言,主要配置在PUMA和Unimation等型机器人上,是一种专用的动作类描述语言。VAL语言是在BASIC语言的基础上发展起来的，所以与BASIC语言的结构很相似。在VAL的基础上Unimation公司推出了VALⅡ语言。后来Staubli公司收购了Unimation公司后,又发展了VALⅢ的机器人编程语言。Staubli机器人的编程语言叫VALⅢ，风格和BASIC相似;ABB的叫RAPID,风格和C相似。

2. SIGLA语言。SIGLA语言是一种仅用于直角坐标式SIGMA装配型机器人运动控制时的一种编程语言,是20世纪70年代后期由意大利Olivetti公司研制的一种简单的非文本语言。

这种语言主要用于装配任务的控制,它可以把装配任务划分为一些装配子任务,如取旋具,在螺钉上料器上取螺钉A、搬运螺钉A、定位螺钉A、装入螺钉A、紧固螺钉等。编程时预先编制子程序,然后用子程序调用的方式来完成。

3. IML语言。IML语言是一种着眼于末端执行器的动作级语言,由日本九州大学开发而成。IML语言的特点是编程简单,能人机对话,适合于现场操作,许多复杂动作可由简单的指令来实现,易被操作者掌握。IML用直角坐标系描述机器人和目标物的位置和姿态。坐标系分两种，一种是基座坐标系，另一种是固连在机器人作业空间上的工作坐标系。IML语言以指令形式编程,可以表示机器人的工作点、运动轨迹、目标物的位置及姿态等信息,从而可以直接编程。往返作业时可不用循环语句描述。示教的轨迹能定义成指令插到语句中,还能完成某些力的施加。

4. AL语言。AL语言是20世纪70年代中期美国斯坦福大学人工智能研究所开发研制的一种机器人语言,它是在WAVE的基础上开发出来的,也是一种动作级编程语言,但兼有对象级编程语言的某些特征,使用于装配作业。它的结构及特点类似于PASCAL语言,可以编译成机器语言在实时控制机上运行，具有实时编译语言的结构和特征，如可以同步操作、条件操作等。AL语言设计的原始目的是用于具有传感器信息反馈的多台机器人或机械手的并行或协调控制编程。

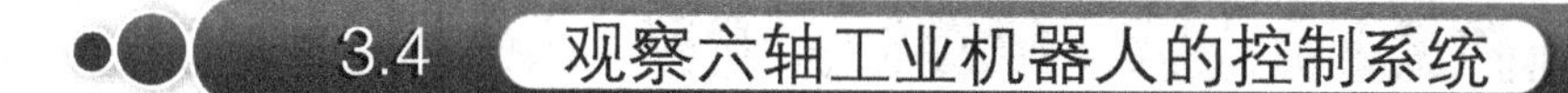

3.4 观察六轴工业机器人的控制系统

一、任务目标

1. 认识某工业机器人的电气控制系统的组成。
2. 记录某工业机器人电气控制系统的名称和功能。
3. 认识某工业机器人的示教器，并记录面板功能键。

二、任务描述

学完本项目之后，由老师带领学生走进学校的工业机器人实训工场，通过观察某工业机器人的驱动系统、控制系统、人机交互系统等部分和指导师傅的演示，整理出机器人主要的驱动系统和特点，控制系统、人机交互系统组成和各部分的功能，以及示教再现编程过程的完整流程等。要求分小组辨识工业机器人电气控制系统和示教器。

三、任务准备

（一）小组分工

根据班级规模将学生分成若干个小组，每组以5~6人为宜，并讨论推荐1人为小组长，负责本组工作计划制定、具体实施、讨论汇总及统一协调；推荐1人为汇报人，负责本小组工作情况汇报交流。小组成员及分工安排表见表3-4。

表3-4 小组成员及分工安排表

小组长	汇报人	成员1	成员2	成员3	成员4

（二）器材准备

为完成工作任务，准备六轴工业机器人电气控制设备若干套，某工业机器人的示教器若干套。每个工作小组需要准备相关的文具用品等。凡属借用的，在完成工作任务后及时归还。工作任务文具用品准备清单见表3-5。

表3-5　工作任务文具用品准备清单

序号	名称	规格型号	单位	数量	是否自备	申领(借用人)

四、任务计划(决策)

根据小组讨论内容,在下面图框内填写参观时间、地点以及内容提要。

五、任务实施

1. 根据观察和查阅的资料，在表3-6中写出某工业机器人控制器主要项目情况。

表3-6 某工业机器人控制器主要项目情况

产品型号		生产厂家	
功能		轴数	
驱动方式		位置检测方式	
控制方式		坐标系	
示教方式		编程语言	

2. 图3-14所示为关节型手臂结构机器人传动系统图，小组讨论分析动力传动路径。

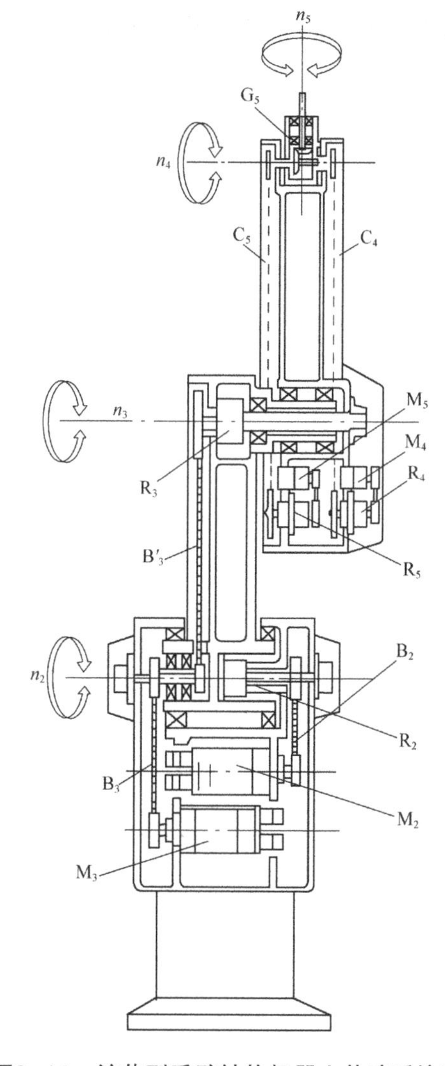

图3-14 关节型手臂结构机器人传动系统图

手腕的旋转运动路径：

手腕的俯仰运动路径：

肘关节的摆动运动路径：

肩关节的摆动运动路径：

3. 认识电气控制柜面板按钮。在下列图框中画出电气控制柜面板按钮，并说明名称。

4. 根据某示教器操作说明，在表3-7中记录某示教器的按键名称及作用。

表3-7 某示教器的按键名称及作用

示教器型号		生产厂家	
序号	按键名称	功能	

5. 观察机器人示教器过程演示。老师打开机器人电源和控制用计算机，运行机器人软件，进行完整的机器人示教操作和示教后机器人动作的再现过程。在下框中记录示教器操作步骤：

六、任务检查（评价）

1. 各小组汇报人整合小组参观情况，撰写报告并汇报。
2. 小组其他人员补充。
3. 其他小组成员提出建议。
4. 填写评价表，见表3–8。

表3–8　评价表

小组名称		小组成员					
评价项目	评价内容		本组自评	组间互评	教师评价	权重	得分小计
职业素养	1. 遵守各项规章制度 2. 按时完成工作任务 3. 积极主动承担工作任务 4. 注意人身安全、设备安全 5. 遵守“6S”规则 6. 发挥团队协作精神，专心、精益求精					0.3	
专业能力	1. 工作计划详细，工作准备充分 2. 能完整说出工业机器人的电气控制器组成及作用 3. 在老师指导下，能够进行示教器操作 4. 能严格遵守操作规程					0.5	
创新能力	1. 方案和计划可行性强 2. 提出自己的独到见解及其他创新					0.2	
合计							
描述性评价							

七、任务拓展

在下列图框中填写网上搜寻的我国工业机器人减速器、驱动器生产厂家和生产状况。

一、填空题

1. 工业机器人的驱动系统包括__________和__________两部分。

2. 工业机器人的传动机构主要有__________、__________、__________以及各种齿轮系。

3. 机器人减速器分为__________和__________两类。

4. 工业机器人常用的驱动装置有__________、__________、__________三种基本类型。

5. 除个别运动精度不高、重负荷、有防爆要求的机器人采用__________、__________驱动外，工业机器人大多采用__________驱动。

6. 电动驱动包括__________和__________两部分，工业机器人电动伺服系统的一般结构有三个闭环控制，即__________、__________、__________。

7. 伺服电机是自动控制装置中被用作执行元件的__________，其功能是将__________转换成轴的__________或__________。

8. 机器人控制系统按对工作环境变化的适应程度可分为三类：__________控制系统、__________控制系统和__________控制系统。

9. 机器人控制系统按作业任务不同可分为__________控制系统、__________控制系统、__________控制系统和__________控制系统。

10. 人机交互技术主要包括__________________、__________________的信息交换两部分，机器人中最典型的人机交互装置是__________________，其实质上就是一个专用的______________。

11. 机器人语言都是____________自己开发的针对用户的语言平台，____________、__________、基于__________标准语言等是机器人公司对机器人系统开发时所使用的语言平台。

12. 工业机器人常用的四种语言是_____________、_____________、_____________、_____________。

二、选择题

1. 目前工业机器人RV减速器市场占有率最高的品牌是(　　)。

A. Harmonic Drive　B. Nabtesco Drive　C. Sumitomo Drive　D. Spinea Drive

2. 气动驱动系统由(　　)组成。

① 气源装置 ② 气源净化辅助设备 ③ 气动执行机构 ④ 空气控制阀

A. ①②③　　B. ②③④　　C. ①②④　　D. ①②③④

3. 下列属于新型驱动装置的是(　　)。

① 电液驱动 ② 压电驱动 ③ 人工肌肉 ④ 超声波电动机

A. ①②③　　B. ②③④　　C. ①②④　　D. ①②③④

4. 工业机器人的控制方式根据作业任务不同主要分为(　　)。

① 点位控制方式 ② 连续轨迹控制方式 ③ 力矩控制方式 ④ 智能控制方式

A. ①②③　　B. ②③④　　C. ①②④　　D. ①②③④

5. 为了防止机器人的异常动作给操作人员造成危险，作业前必须进行的项目检查有(　　)。

① 机器人外部电缆线外皮有无破损　② 机器人有无动作异常

③ 机器人制动装置是否有效　④ 机器人紧急停止装置是否有效

A. ①②③　　B. ②③④　　C. ①②④　　D. ①②③④

三、简答题

1. 比较谐波减速器和RV减速器的特点及应用场合。
2. 机器人驱动装置的设计选用遵循哪些原则？
3. 一个完整的工业机器人控制系统由哪些部分组成？
4. 简述工业机器人连续控制方式的特点和应用场合。
5. 示教器示教时应注意哪些问题？

项目四　辨识工业机器人的传感器系统

人通过感官接收外界信息，机器人的传感器就相当于人体的五官。工业机器人是否能具有良好智能，对外界做出正确、有效、及时的反应与传感器息息相关。本项目介绍工业机器人内部、外部传感器，使学生能够识别各种类型的传感器，大致了解各种传感器的作用和工作原理，为工业机器人在生产线上集成应用打下基础。

扫码看本项目 PPT

4.1 工业机器人传感器概述

一、机器人与传感器

随着社会的进步和科技的发展，特别是面向智能制造和互联网时代的到来，现代信息技术得到广泛应用。现代信息技术的基础是信息采集、信息传输与信息处理，而传感器技术是构成现代信息技术的三大支柱之一，负责信息采集过程。人们在利用信息的过程中，首先要获取信息，而传感器是获取信息的主要手段和途径。图4-1所示为现代信息技术三大支柱示意图。

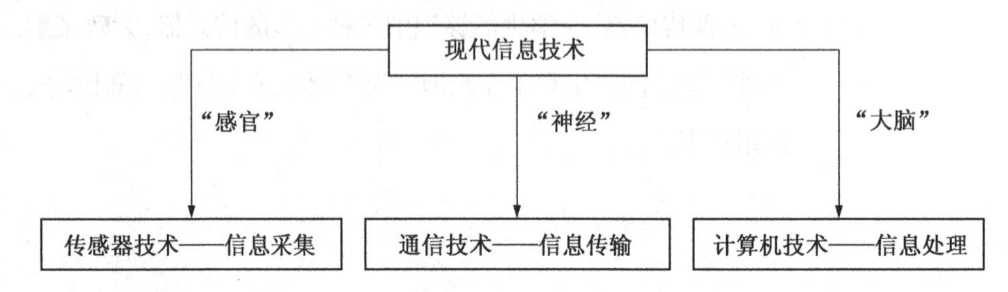

图4-1　现代信息技术三大支柱示意图

研究机器人，首先从模仿人开始。通过研究人的劳动我们发现，人类是通过五种熟知的感官（视觉、听觉、嗅觉、味觉、触觉）接收外界信息的，这些信息通过神经传递给大脑，大脑对这些分散的信息进行加工、综合后发出行为指令，调动肌体（如手、足等）执行某些动作。如果希望机器人代替人类劳动，则发现大脑可与当今的计算机相当，肌体与机器人的机构本体（执行机构）相当，五官可与机器人的各种外部传感器相当。

机器人是通过传感器得到感觉信息的。其中，传感器处于连接外界环境与机器人的接口位置，是机器人获取信息的窗口。要使机器人拥有智能，对环境变化做出反应，首先，必须使机器人具有感知环境的能力，用传感器采集信息是机器人智能化的第一步；其次，如何采取适当的方法，将多个传感器获取的环境信息加以综合处理，控制机器人进行智能作业，则是提高机器人智能程度的重要体现。因此，传感器及其信息处理系统，是构成机器人智能的重要部分，它为机器人智能作业提供基础。下面我们来了解工业机器人的传感器部分。

二、工业机器人传感器的分类

工业机器人所要完成的工作任务不同，所配置的传感器类型和规格也就不相同。工业机器人传感器一般可分为内部传感器和外部传感器两大类。图4-2所示为传感器系统在工业机器人中的工作流程图。

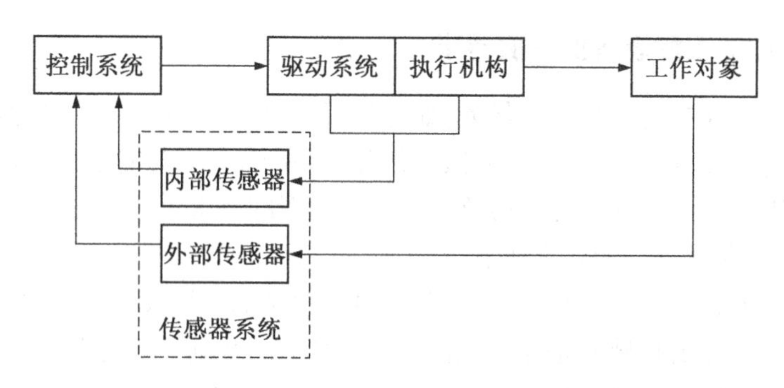

图4-2 传感器系统在工业机器人中的工作流程图

1. 内部传感器。内部传感器用来确定机器人在其自身坐标系内的姿态位置，是完成机器人运动控制（驱动系统及执行机构）所必需的传感器，如用来测量位移、速度、加速度和应力的通用型传感器是构成机器人不可缺少的基本元件。

2. 外部传感器。外部传感器用来检测机器人所处环境、外部物体状态或机器人与外部物体（即工作对象）的关系，负责检验诸如距离、接近程度和接触程度之类的变量，便于机器人的引导及物体的识别和处理。常用的外部传感器有力觉传感器、触觉传感器、接近觉传感器、视觉传感器等。一些特殊领域应用的机器人还可能需要具有温度、湿度、压力、滑动量、化学性质等感觉能力方面的传感器。工业机器人传感器的具体分类如图4-3所示。

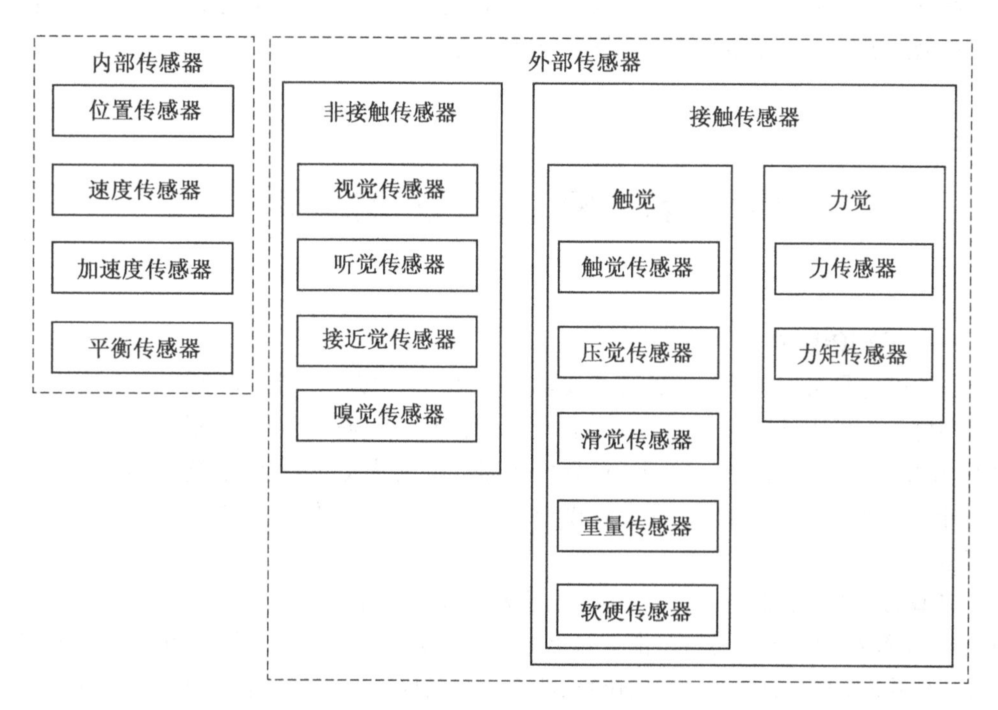

图4-3 工业机器人传感器的分类

三、工业机器人传感器的一般要求

工业机器人用于执行各种加工任务，如物料搬运、装配、焊接、喷涂、检测等，不同的任务对工业机器人有不同的要求。例如，搬运任务和装配任务对传感器的要求主要是力觉、触觉和视觉；焊接任务、喷涂任务和检测任务对传感器的要求主要是接近觉、视觉。不论哪一类，工业机器人传感器一般要求如下：

1. 精度高、重复性好。机器人传感器的精度直接影响机器人的工作质量，所以用于检测和控制机器人运动的传感器是控制机器人定位精度的基础，机器人是否能够准确无误地正常工作往往取决于传感器的测量精度。

2. 稳定性好，可靠性高。机器人经常在无人照管的条件下代替人工操作，万一它在工作中出现故障，轻则影响生产的正常进行，重则造成严重的事故，所以机器人传感器的稳定性和可靠性是保证机器人能够长期稳定、可靠地工作的必要条件。

3. 抗干扰能力强。机器人传感器的工作环境往往比较恶劣，故机器人传感器应当能够承受强电磁干扰、强振动，并能够在一定的高温、高压、高污染环境中正常工作。

4. 重量轻、体积小、安装方便可靠。对于安装在机器人手臂等运动部件上的传感器，重量要轻，否则会加大运动部件的惯性，影响机器人的运动性能。对于工作空间受到某种限制的机器人，对机器人传感器的体积和安装方向的要求也是必不可少的。

5. 价格便宜，安全性能好。传感器的价格直接影响到工业机器人的生产成本，传感器价格便宜可降低工业机器人的生产成本。另外，传感器在满足工业机器人控制要求外，应保证机器人能安全工作而不受损坏等要求及其他辅助性要求。

4.2 内部传感器

一、位置传感器

位置感觉是机器人最基本的感觉要求，它可以通过多种传感器来实现，常用的机器人位置传感器有电阻式位移传感器、电容式位移传感器、电感式位移传感器、光电式位移传感器、霍尔元件位移传感器、磁栅式位移传感器以及机械式位移传感器等。机器人各关节和连杆的运动定位精度要求、重复精度要求以及运动范围要求是选择机器人位置传感器的基本依据。

典型的位置传感器是电位计（称为电位差计或分压计），它由一个线绕电阻（或薄膜电阻）和一个滑动触点组成。其中，滑动触点通过机械装置受被检测量的控制。当被检测的位置发生变化时，滑动触点就会发生位移，改变了滑动触点与电位器各端之间的电阻和输出电压，根据这种输出电压的变化，可以检测出机器人各关节的位置和位移量。

图4–4所示是一个位置传感器的实例。在载有物体的工作台下面有与电阻接触的触

头，当工作台在左右移动时接触触头也随之左右移动，从而改变了与电阻接触的位置。其检测的是以电阻中心为基准位置的移动距离。

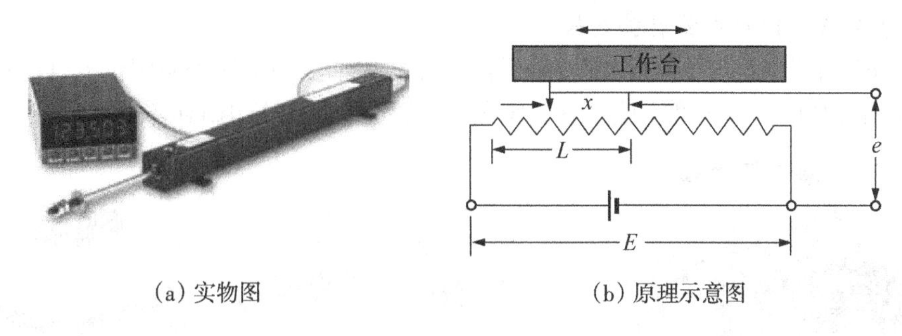

(a) 实物图　　(b) 原理示意图

图4-4　线性电位计

把图4-4所示的电阻元件弯成圆弧形，可动触头的另一端固定在圆的中心并像时针那样回转，由于电阻随相应的回转角而变化，基于上述原理可构成角度传感器。角度式电位传感器的实物如图4-5(a)所示，结构示意图如图4-5(b)所示。

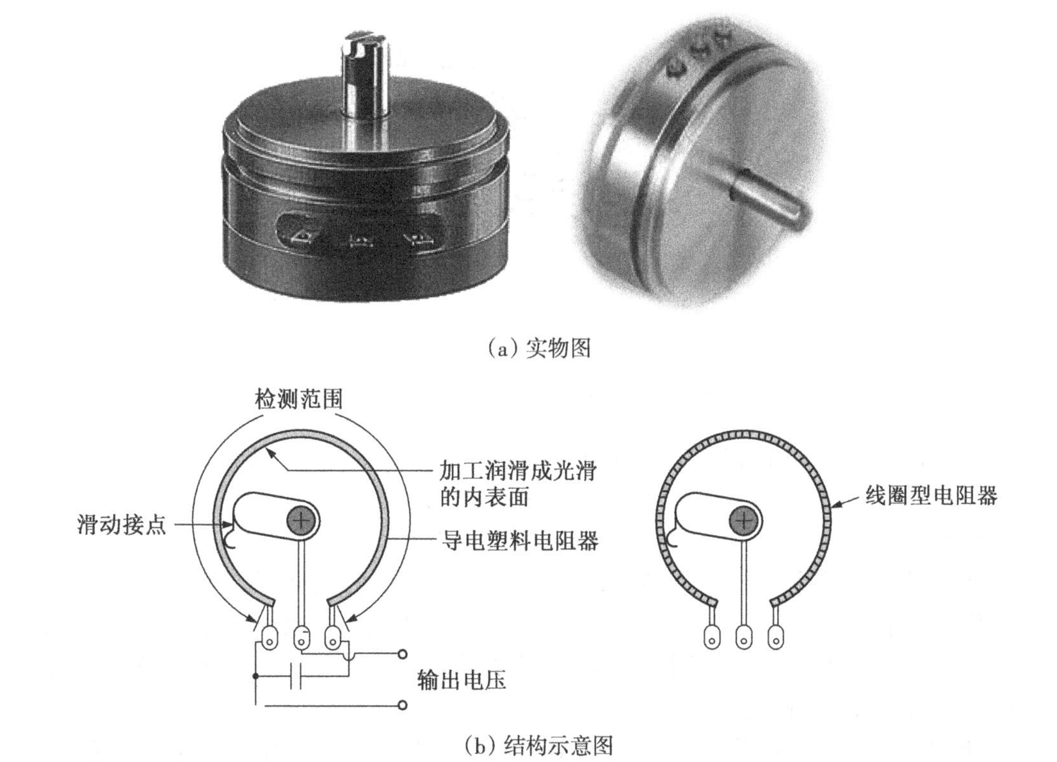

(a) 实物图

(b) 结构示意图

图4-5　角度式电位传感器

二、角度传感器

应用最多的旋转角度传感器是旋转编码器。旋转编码器又称转轴编码器、回转编码器等，它把作为连续输入轴的旋转角度同时进行离散化(样本化)和量化处理后予以输出。光

学编码器是一种应用广泛的角度传感器,其分辨率完全能满足机器人技术要求。这种非接触型传感器可分为绝对型和增量型两种。

(一)光学式绝对型旋转编码器

图4-6所示为光学式绝对型旋转编码器。在输入轴上的旋转透明圆盘上,设置有同心圆状的环带,对环带上角度实施二进制编码,并将不透明条纹印刷到环带上。

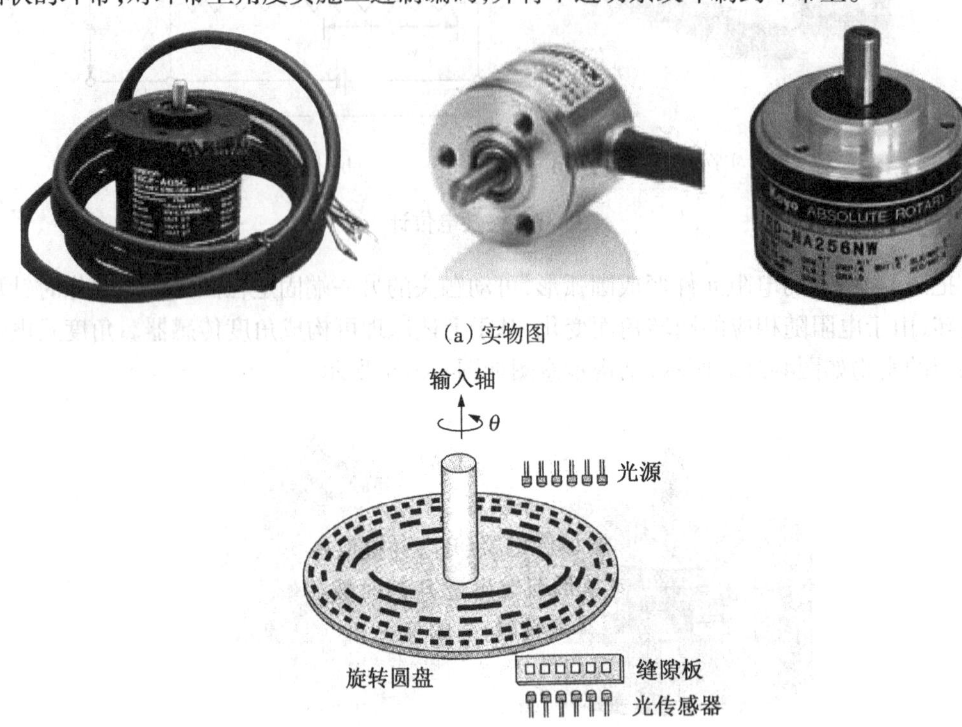

(a) 实物图

(b) 结构示意图

图4-6　光学式绝对型旋转编码器

可以用光学式绝对型旋转编码器检测角度和角速度，因为这种编码器的输出表示的是旋转角度的现时值,若对单位时间前的值进行记忆,并取它与现时值之间的差值,就可以求得角速度。

光学式绝对型旋转编码器旋转时,有与位置一一对应的代码(二进制、BCD码等)输出,从代码大小的变更,即可判别正反方向和位移所处的位置,而无须判向电路。绝对型编码器有一个绝对零位代码,当停电或关机后,在开机重新测量时,仍可准确地读出停电或关机位置的代码,并准确地找到零位代码。

订购光学式绝对型旋转编码器时,除了注明型号外,还要注明性能序号和分割数(或位数)。分割数(或位数)的选择可参照以下公式:

分割数=360°/设计分辨率

所选的光学式绝对型旋转编码器的输出码制和输出方式要与用户后部处理电路相对应。一般情况下,光学式绝对型旋转编码器的测量范围为0°~360°,但特殊型号也可实现多圈测量。

（二）光学式增量型旋转编码器

在旋转圆盘上设置一条环带，将环带沿圆周方向分割成等份，并用不透明的条纹印刷到上面，把圆盘置于光线的照射下，透过去的光线用一个光传感器进行判读。因为圆盘每转过一定角度，光传感器的输出电压就会在H(high level)与L(low level)之间交替地进行转换，所以当把这个转换次数用计数器进行统计时，就能够知道旋转过的角度，如图4-7所示。

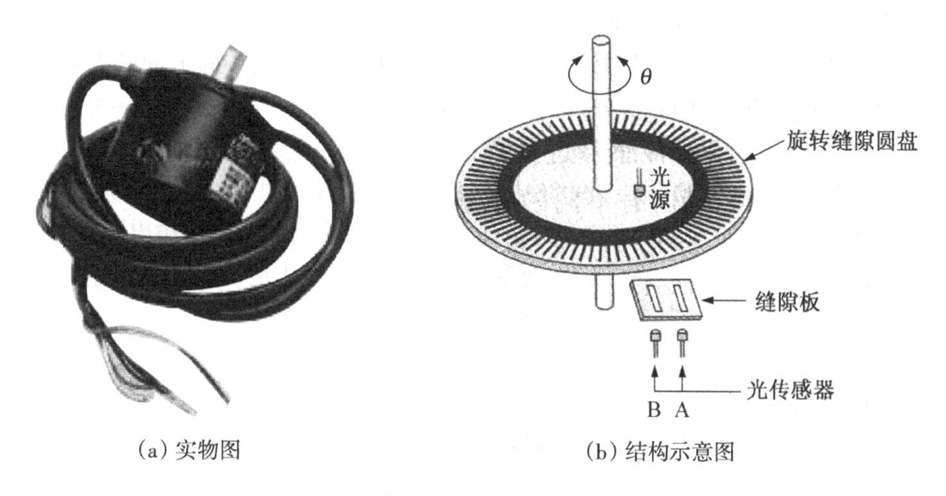

(a) 实物图　(b) 结构示意图

图4-7　光学式增量型旋转编码器

由于这种方法不论顺时针方向（CW）旋转还是逆时针方向（CCW）旋转都同样会在H与L间交替转换，所以不能得到旋转方向。

如果从一个条纹到下一个条纹可以作为一个周期，在相对于传感器（A）移动周期的位置上增加传感器（B），并提取输出量B，于是输出量A的时域波形与输出量B的时域波形在相位上相差的周期如图4-8所示。

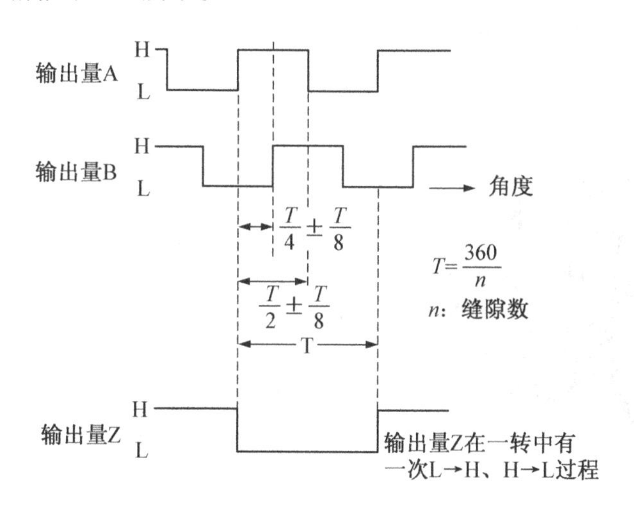

图4-8　光学式增量型旋转编码器输出波形

通常顺时针方向(CW)旋转时,A的变化比B的变化先发生,逆时针方向(CCW)旋转时,则情况相反,因此可以得知旋转方向。

在采用增量型旋转编码器的情况下,得到的是从角度的初始值开始检测到的角度变化,问题变为要知道现在的角度,就必须利用其他方法来确定初始角度。

角度的分辨率由环带上缝隙条纹的个数决定。例如,在一转 360°内能形成600个缝隙条纹,就称其为 600P/r(脉冲/转)。此外,以2的n次幂作为基准,如2^{11} = 2048 P/r等这样一类分辨率的产品已经在市场上销售。

光学式增量型旋转编码器旋转时,有相应的脉冲输出,其旋转方向的判别和脉冲数量的增减需借助后部的判向电路和计数器来实现。其计数点可任意设定,并可实现多圈的无限累加和测量。还可以把每转发出一个脉冲的Z信号作为参考机械零位,当脉冲数已固定,而需要提高分辨率时,则可利用90°相位差A、B两路信号对原脉冲进行倍频。

订购光学式增量型旋转编码器,请详细注明所选的型号、每转输出脉冲数、电源电压出线方式、信号输出方式,并注意所选型号的机械安装尺寸是否能满足实际要求。

每转输出脉冲数的多少应根据以下公式选择:

每转输出脉冲数(P/r)=360°/ 设计分辨率

在选择信号输出方式时,请注意与后部电路的匹配。如果选用长线驱动器输出方式,请选用匹配的接收器,以便后部电路接收。

三、姿态传感器

姿态传感器是用来检测机器人与地面相对关系的传感器。当机器人被限制在工厂的地面时,没有必要安装这种传感器,如大部分工业机器人。但是,当机器人脱离了这个限制,并且能够进行自由移动,如移动机器人,安装姿态传感器就成为必需。

典型的姿态传感器是陀螺仪。陀螺仪是一种传感器,它是利用高速旋转物体(转子)经常保持其一定姿态的性质,然后用多种方法读取旋转物体的姿态,并将数据信号自动传送给机器人控制系统。图4–9所示为一个速率陀螺仪。

(a) 实物图

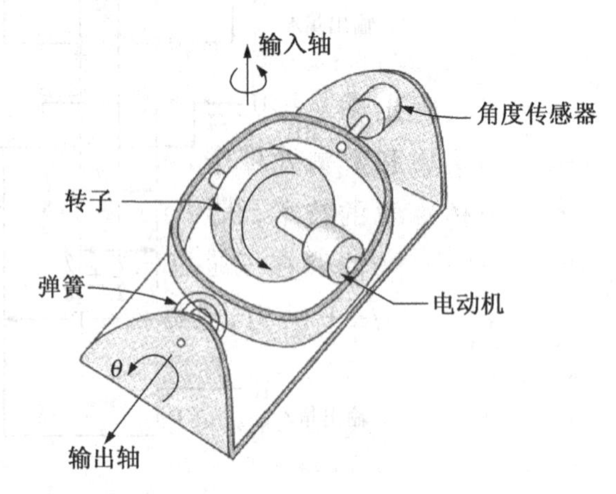

(b) 结构示意图

图4–9　速率陀螺仪

当机器人围绕着输入轴以角速度转动时，与输入轴正交的输出轴仅转过角度。在速率陀螺仪中加装了弹簧，而卸掉这个弹簧后的陀螺仪称为速率积分陀螺仪。此时，输出轴以一定角速度旋转，且此角速度与围绕输入轴的旋转角速度成正比。

4.3 外部传感器

一、触觉传感器

工业机器人的触觉功能是感受接触、冲击、压迫等机械刺激，可以在抓取时感知物体的形状、软硬等物理性质。一般把感知与外部直接接触而产生的接触觉、压觉、滑觉及力觉等传感器统称为触觉传感器，通过触觉传感器与被识别物体相接触或相互作用来完成对物体表面特征和物理性能的感知。丝绸的皮肤触感也包含在触觉中，目前还难以实现材质感觉。下面就分别介绍四种触觉传感器：

（一）接触觉传感器

接触觉传感器装在工业机器人的运动部件或末端执行器上，用以判断机器人部件是否与对象物体发生接触，以解决机器人运动的正确性，实现合理把握或防止碰撞。接触觉传感器输出信号常为“0”或“1”，最经济适用的形式是各种微动开关。常用的微动开关由滑柱、弹簧、基板和引线构成，具有性能可靠、成本低、使用方便等特点。简单的接触觉传感器以阵列形式排列组合成触觉传感器，它以特定次序向控制器发送接触和形状信息。图4-10所示是一种机械式接触觉传感器示例。

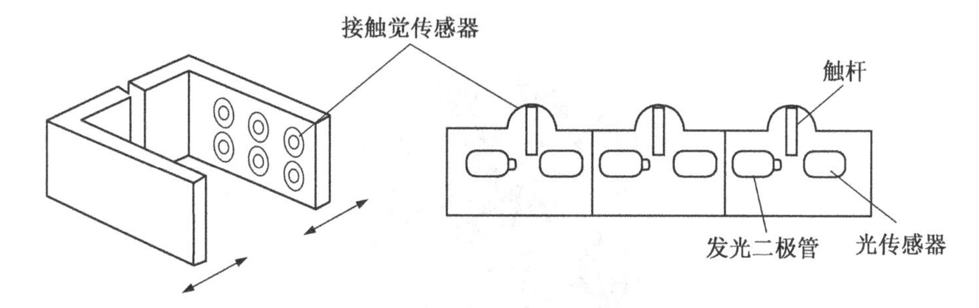

图4-10 机械式接触觉传感器示例

接触觉传感器可以提供的物体信息如图4-11所示。当触觉传感器与物体接触时，依据物体的形状和尺寸，不同的接触觉传感器将以不同的次序对接触做出不同的反应，控制器就利用这些信息来确定物体的大小和形状。图4-11所示给出了三个简单的例子：接触立方体、圆柱体和不规则形状的物体，每个物体都会使接触觉传感器产生一组唯一的特征信号，由此可确定接触的物体。

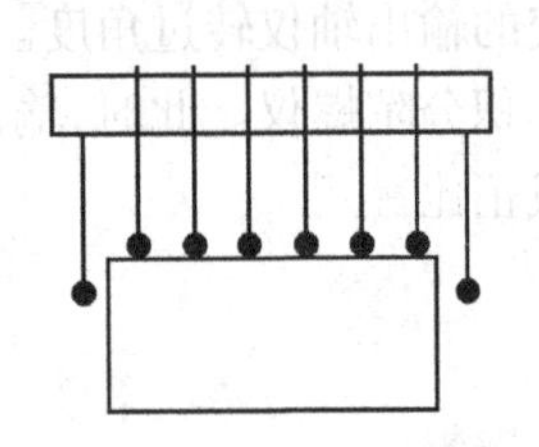
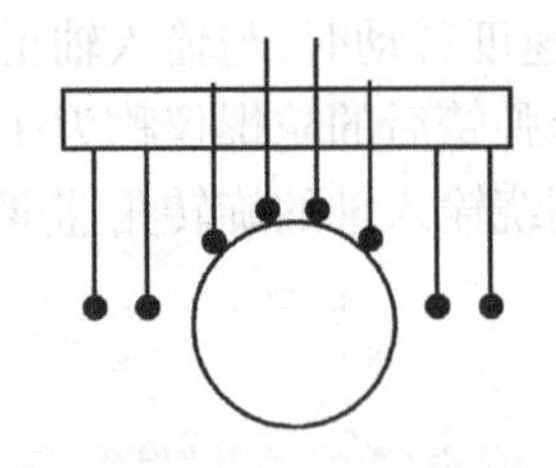
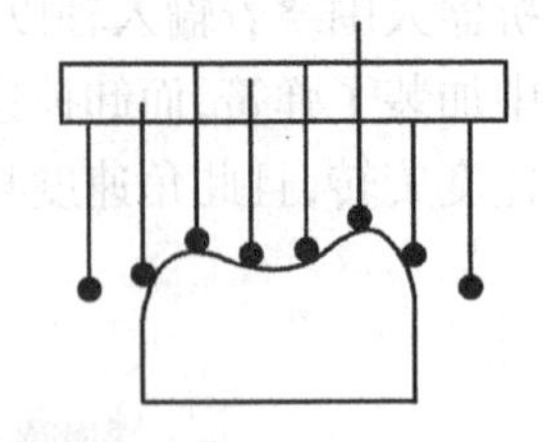

图4-11　接触觉传感器可提供的物体信息

（二）压觉传感器

压觉是指用手指把持物体时感受到压力的感觉。压觉传感器是接触觉传感器的延伸，机器人的压觉传感器装在其手爪上，可以在把持物体时检测到物体同手爪间产生的压力和力及其分布情况。压觉传感器的原始输出信号是模拟量。压觉传感器类型很多，如压阻型、光电型、压电型、压敏型、压磁型、光纤型等，其中常用的为压电传感器。压电元件是指某种物质上如施加压力就会产生电信号，即产生压电现象的元件。

压电现象的机理是在显示压电效果的物质上施力时，由于物质被压缩而产生极化（与压缩量成比例），如在两端接上外部电路，电流就会流过，所以通过检测这个电流就可构成压力传感器。压电元件可用在检测力和加速度的检测仪器上，把加速度输出通过电阻和电容构成的积分电路来求得速度，再进一步把速度输出积分，就可求得移动距离，因此能够比较容易地构成振动传感器。

如果把多个压电元件和弹簧排列成平面状，就可识别各处压力的大小以及压力的分布，由于压力分布可表示物体的形状，所以也可用作识别物体。通过对压觉的巧妙控制，机器人即能抓取豆腐及鸡蛋等物体。图4-12所示为机械手用压觉传感器抓取塑料吸管。

图4-12　机械手用压觉传感器抓取塑料吸管

（三）滑觉传感器

机器人在抓取不知属性的物体时，其自身应能确定最佳握紧力的给定值。当握紧力不够时，要能检测被握紧物体的滑动，利用该检测信号在不损害物体的前提下，考虑最可靠的夹持方法，实现此功能的传感器称为滑觉传感器。滑觉传感器主要用于检测物体接触面之间相对运动的大小和方向，判断是否握住物体及应该用多大的夹紧力等。机器人的握力应满足物体既不产生滑动而握力又为最小临界握力。如果能在刚开始滑动之后便立即检测出物体和手指间产生的相对位移，随即增加握力就能使滑动迅速停止，那么该物体就可以用最小的临界握力抓住。滑觉传感器有滚动式和球式。还有一种通过振动检测滑觉的传感器。

图4–13所示为贝尔格莱德大学研制的机器人专用滑觉传感器，它由金属球和触针组成，金属球表面有许多间隔排列的导电和绝缘小格；触针头很细，每次只能触及一小格。当工件滑动时，金属球也随之转动，在触针上输出脉冲信号，脉冲信号的频率反映了滑移速度，脉冲信号的个数对应滑移的距离。触头面积小于球面上露出的导体面积，它不仅可做得很小，而且检测灵敏。球与物体相接触，无论滑动方向如何，只要球一转动，传感器就会产生脉冲输出。该球体在冲击力作用下不转动，因此抗干扰能力强。

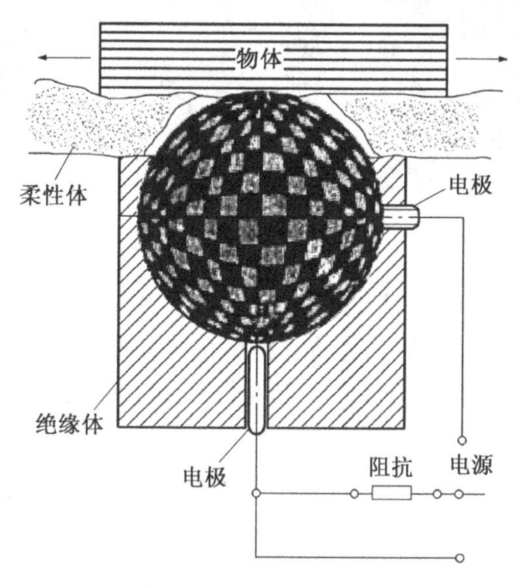

图4–13　球形滑觉传感器

（四）力觉传感器

力觉是指对机器人的指、肢和关节等运动中所受力的感知，用于感知夹持物体的状态，校正由于手臂变形引起的运动误差，保护机器人及零件不会损坏，所以力觉传感器对装配机器人具有重要意义。通常将机器人的力传感器分为三类，主要包括关节力传感器、腕力传感器、指力传感器等。

（1）装在关节驱动器上的力传感器，称为关节力传感器。它测量驱动器本身的输出力和力矩，用于控制中的力反馈。这种传感器信息量单一，传感器结构也较简单，是一种专用的力传感器。

（2）装在末端执行器和机器人最后一个关节之间的力传感器，称为腕力传感器。腕力传感器能直接测出作用在末端执行器上的各向力和力矩。从结构上来说，是一种相对复杂的传感器，它能获得手爪三个方向的受力（力矩），信息量较多，又由于其安装的部位在末端执行器和机器人手臂之间，故比较容易形成通用化的产品系列。

（3）装在机器人手指关节上（或指上）的力传感器，称为指力传感器，用来测量夹持物体时的受力情况。指力传感器一般测量范围较小，同时受手爪尺寸和重量的限制，在结构上要求小巧，是一种较专用的力传感器。

图4–14所示为装在末端执行器上的力觉传感器，用来防止碰撞，机器人如果感知到压力，将发送信号，限制或停止机器人的运动。

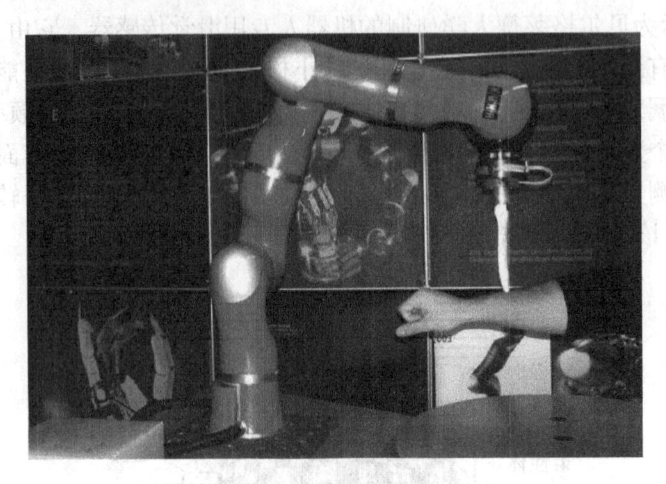

图4–14　装在末端执行器上的力觉传感器

1. 力觉传感器的工作原理。力觉传感器主要使用的元件是电阻应变片。电阻应变片利用金属丝拉伸时电阻变大的特性，如将它粘贴在加力的方向上，对电阻应变片在左右方向上加力，再将电阻应变片用导线接到外部电路上，就可测定输出电压，算出其电阻值的变化，如图4–15所示。

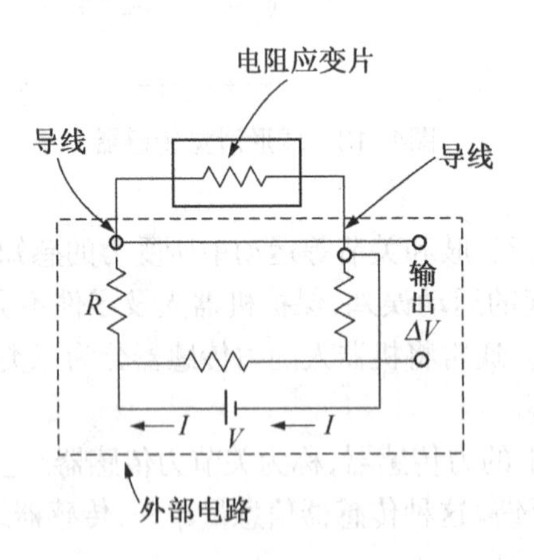

图4–15　力觉传感器电桥电路

2. 腕力传感器。机器人腕力传感器测量的是三个方向的力（力矩）。由于腕力传感器既是测量的载体，又是传递力的环节，所以腕力传感器一般为弹性结构梁，通过测量弹性体变形得到三个方向的力（力矩）。

目前高端工业机器人使用的腕力传感器是由日本大和制衡株式会社林纯一等人研制

的改进型六维腕力传感器。它是一种整体轮辐式结构，传感器在十字架与轮缘连接处有一个柔性环节，因而简化了弹性体的受力模型（在受力分析时可简化为悬臂梁）。在四根交叉梁上总共贴有32个应变片（图中以小方块表示），组成8路全桥输出，六维力的获得须通过解耦计算。这一传感器一般将十字交叉主杆与手臂的连接件设计成弹性体变形限幅的形式，可有效起到过载保护作用，是一种较实用的结构。图4-16所示为改进型六维腕力传感器。

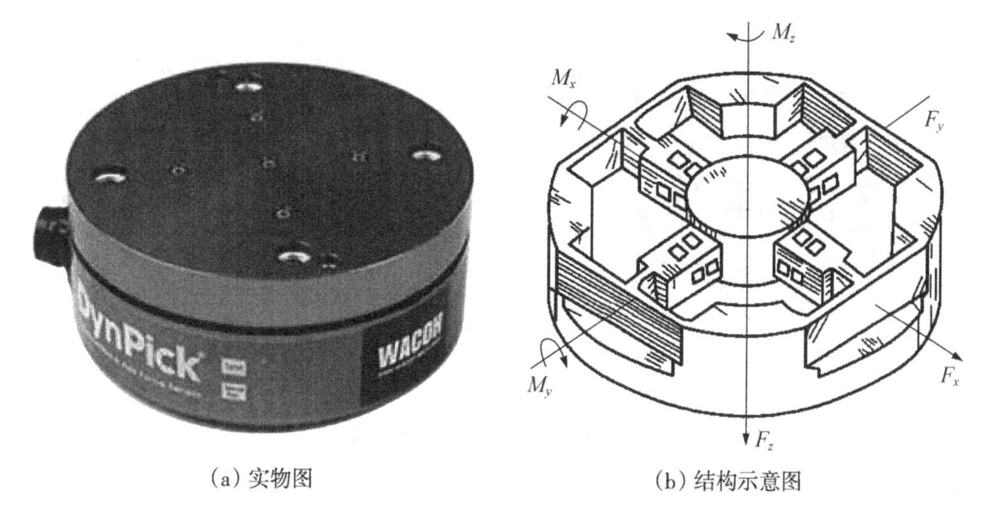

(a) 实物图　　(b) 结构示意图

图4-16　改进型六维腕力传感器

二、接近觉传感器

接近觉传感器是指机器人手接近对象物体的距离为几毫米到十几厘米时，就能检测与对象物体的表面距离、斜度和表面状态的传感器。接近觉传感器采用非接触式测量元件，一般装在工业机器人末端执行器上。其至少有两方面作用：一是在接触到对象物体之前事先获得位置、形状等信息，为后续操作做好准备；二是提前发现障碍物，对机器人运动路径提前规划，以免发生碰撞。常见接近觉传感器可分为电磁式（感应电流式）、光电式（反射或透射式）、电容式、气压式、超声波式和红外线式。图4-17所示为各种接近觉传感器的感知物理量。

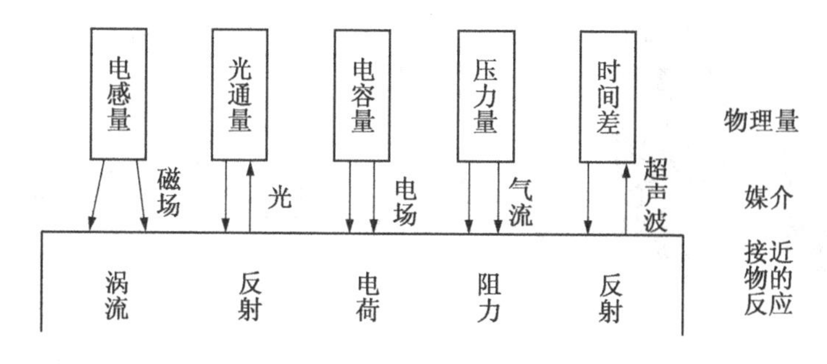

图4-17　接近觉传感器的感知物理量

（一）电磁式接近觉传感器

图4-18所示为电磁式接近觉传感器，在线圈中通入高频电流就产生磁场，这个磁场接近金属物体时会在金属物体中产生感应电流，即涡流，涡流大小随对象物体表面的距离而变化，该涡流变化反作用于线圈，通过检测线圈的输出即可反映出传感器与被接近金属间的距离。由于工业机器人的工作对象大多是金属部件，因此电磁式接近觉传感器的应用较广，在焊接机器人中可用它来探测焊缝。

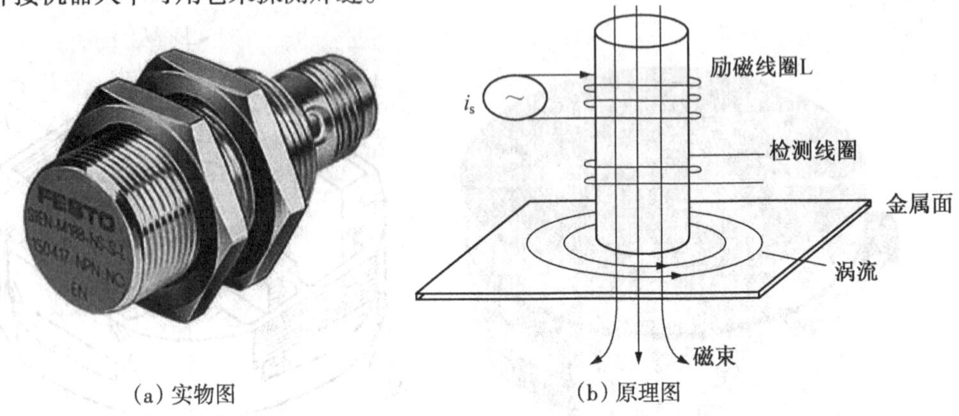

(a) 实物图　(b) 原理图

图4-18　电磁式接近觉传感器

（二）光电式接近觉传感器

光电式接近觉传感器是把光信号（红外线、可见光及紫外线）转变成为电信号的器件，它可用于检测直接引起光量变化的非电量，如光强、光照度、辐射测温、气体成分分析等，也可用来检测能转换成光量变化的其他非电量，如零件直径、表面粗糙度、应变、位移、振动、速度、加速度，以及物体的形状、工作状态的识别等。光电式接近觉传感器由用作发射器的光源和接收器两部分组成，光源可在内部，也可在外部；接收器能够感知光线的有无。发射器及接收器的配置准则是：发射器发出的光只有在物体接近时才能被接收器接收，除非能反射光的物体处在传感器作用范围内，否则接收器就接收不到光线，也就不能产生信号。图4-19所示为光电式接近觉传感器。光电式接近觉传感器具有非接触性、响应快、维修方便、测量精度高等特点，目前应用较多，但其信号处理较复杂，使用环境也受到一定限制。

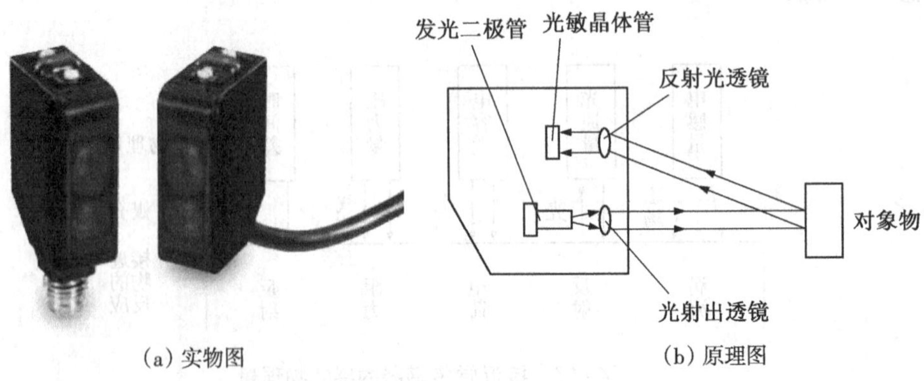

(a) 实物图　(b) 原理图

图4-19　光电式接近觉传感器

(三)电容式接近觉传感器

电容式接近觉传感器可以检测任何固体和液体材料,外界物体靠近时这种传感器会引起电容量的变化,由此反映距离信息。电容式接近觉传感器如图4-20所示,其本身作为一个极板,被接近物作为另一个极板,将该电容接入电桥电路或RC振荡电路,利用电容极板距离的变化产生电容量的变化,可检测出与被接近物的距离。电容式接近觉传感器具有对物体的颜色、构造和表面都不敏感且实时性好的优点。

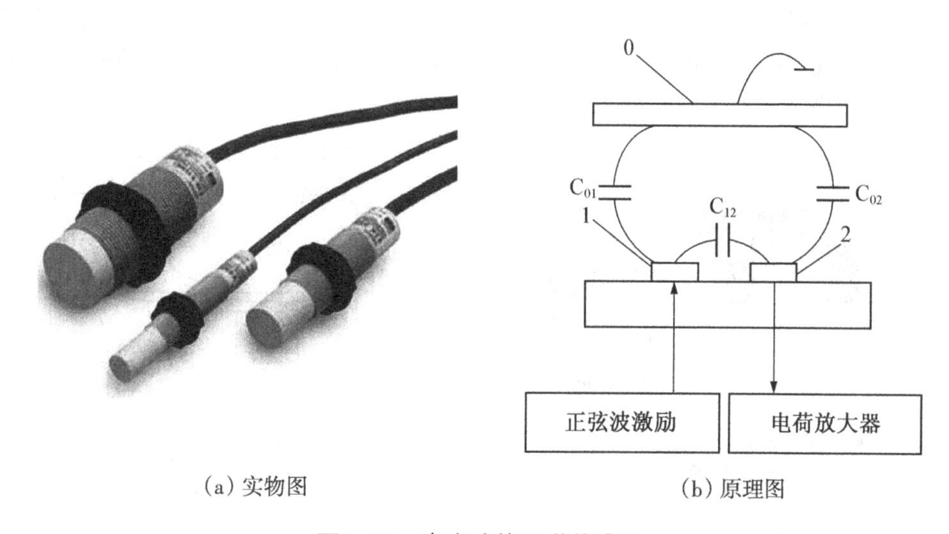

(a)实物图 (b)原理图

图4-20 电容式接近觉传感器

(四)气压式接近觉传感器

气压式接近觉传感器由一根细的喷嘴喷出气流,如果喷嘴靠近物体,则内部压力会变化,这一变化可用压力计测量出来。只要物体存在,通过检测反作用力的方法检测碰到气体喷流时的压力。如图4-21所示,在该机构中,气源P送出一定压力气流,离物体的距离x越小,气流喷出的面积越窄小,气缸内的压力就越大。如果事先求出距离和压力的关系,即可根据压力测定距离。它可用于检测非金属物体,适用于测量微小间隙。

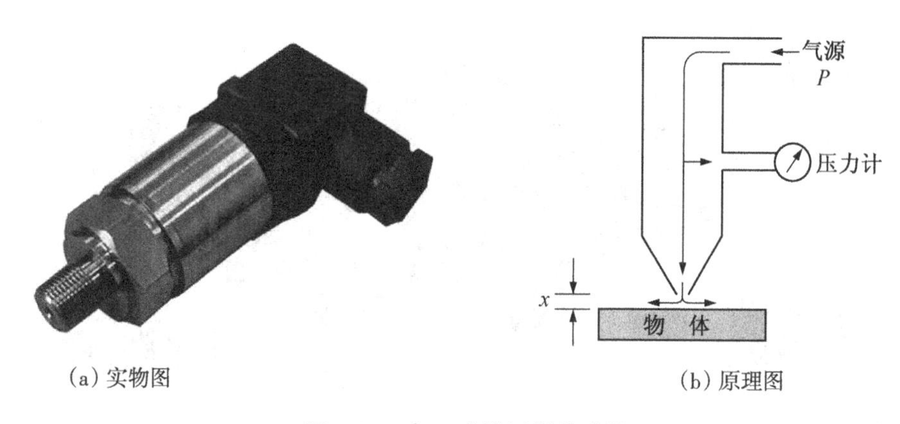

(a)实物图 (b)原理图

图4-21 气压式接近觉传感器

(五)超声波式接近觉传感器

超声波是指频率20kHz以上的电磁波。超声波的方向性较好,可定向传播。超声波式接近觉传感器适用于较远距离和较大物体的测量,与感应式和光电式接近觉传感器不同,这种传感器对物体材料和表面的依赖性较低,在机器人导航和避障中应用广泛。超声波接近觉传感器由发射器和接收器构成。几乎所有超声波接近觉传感器的发射器和接收器都是利用压电效应制成的,发射器是利用给压电晶体加一个外加电场时晶片将产生应变(压电逆效应)这一原理制成的;接收器的原理是,当给晶片加一个外力使其变形时,在晶体的两面会产生与应变量相当的电荷(压电正效应),若应变方向相反则产生电荷的极性反向。图4–22所示为超声波式接近觉传感器。

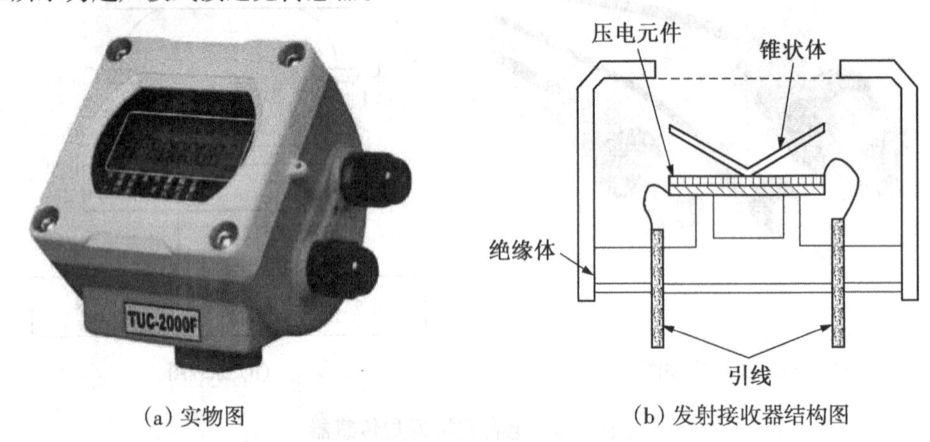

(a) 实物图　　(b) 发射接收器结构图

图4–22　超声波式接近觉传感器

三、视觉传感器

人类从外界获得的信息,大多数是由眼睛得到的。人类视觉细胞的数量是听觉细胞的3 000倍,是皮肤感觉细胞的100多倍,如果要赋予机器人较高级的智能,机器人必须通过视觉系统更多地获取周围世界的信息。视觉传感器是固态图像传感器(如CCD、CMOS)成像技术和Framework软件结合的产物,它可以识别条形码和任意OCR字符。图4–23所示为视觉传感器的实物图。

图4–23　视觉传感器的实物图

与传统的光电传感器相比，光电传感器只包含一个光传感元件，而视觉传感器具有从一整幅图像捕获光线的数百万计像素的能力，以往需要多个光电传感器来完成多项特征的检验，现在可以用一个视觉传感器来检验多项特征，且具有检验面积大、目标位置准、方向灵敏度高等特点，因此视觉传感器在工业机器人中有更加广泛的应用。表4-1为工业机器人视觉系统的应用领域。

表4-1 工业机器人视觉系统的应用领域

应用领域	功能	图例
识别	检测一维码、二维码，光学字符识别与确认	AutoVISION LOT 129456 DATE 04/201 VISION SIMPLIFI
检测	色彩和瑕疵检测，部件有无检测，目标位置和方向检测	
测量	尺寸和容量检测，预设标记的测量，如孔位到孔位的距离	
引导	弧焊跟踪	
三维扫描	3D 成型	

目前，将近80%的工业视觉系统主要用在检测方面，包括用于提高生产效率、控制生产过程中的产品质量、采集产品数据等。工业机器人视觉自动化设备可以代替人工不知疲倦地进行重复性的工作，且在一些不适合于人工作业的危险工作环境或人工视觉难以满足要求的场合，工业机器人视觉系统可替代人工视觉。图4-24所示为三维视觉传感器在零件检测中的应用。

图4-24　三维视觉传感器在零件检测中的应用

工业机器人视觉系统是使机器人具有视觉感知功能的系统。机器人视觉系统通过图像和距离等传感器来获取环境对象的图像、颜色和距离等信息，然后传递给图像处理器，再利用计算机从二维图像中理解和构造出三维世界的真实模型。它可以通过视觉传感器获取环境的二维图像，并通过视觉处理器进行分析和解释，进而转换为符号，让机器人能够辨识物体，并确定位置。工业机器人的视觉处理过程包括图像输入（获取）、图像处理和图像输出等几个阶段。图4-25所示是视觉系统的主要硬件组成图。

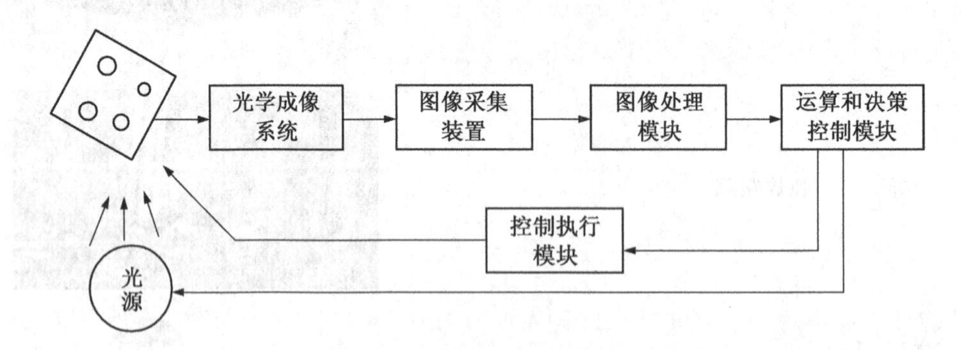

图4-25　视觉系统的主要硬件组成图

工业机器人的视觉系统包括视觉传感器、摄像机和光源控制、计算机和图像处理机几大部分。

（一）视觉传感器

视觉传感器是将景物的光信号转换成电信号的器件，主要是指利用照相机对目标图

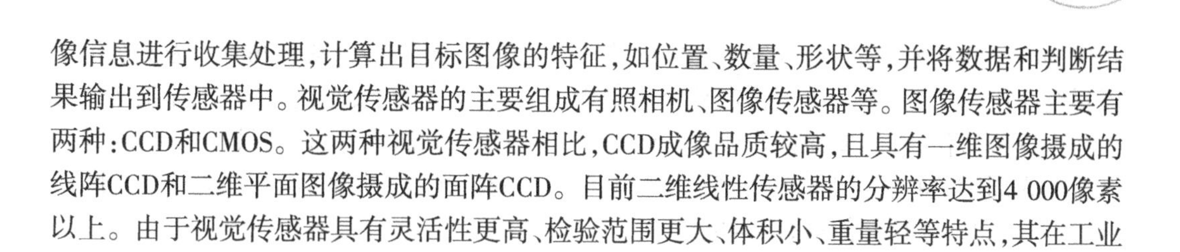

像信息进行收集处理，计算出目标图像的特征，如位置、数量、形状等，并将数据和判断结果输出到传感器中。视觉传感器的主要组成有照相机、图像传感器等。图像传感器主要有两种：CCD和CMOS。这两种视觉传感器相比，CCD成像品质较高，且具有一维图像摄成的线阵CCD和二维平面图像摄成的面阵CCD。目前二维线性传感器的分辨率达到4 000像素以上。由于视觉传感器具有灵活性更高、检验范围更大、体积小、重量轻等特点，其在工业中的应用越来越广泛。

（二）摄像机和光源控制

机器人的视觉系统直接把景物转化成图像输入信号，因此取景部分应当能根据具体情况自动调节光圈的焦点，以便得到一张容易处理的图像。为此，应能调节以下几个参量：

（1）焦点能自动对准要观测的物体。

（2）根据光线强弱自动调节光圈。

（3）自动转动摄像机，使被摄物体位于视野中央。

（4）根据目标物体的颜色选择滤光器。

此外，还应当调节光源的方向和强度，使目标物体能够看得更清楚。

（三）计算机

由视觉传感器得到的图像信息通过计算机存储和处理，然后根据各种目的输出处理后结果。除了通过显示器显示图形之外，还可用打印机或绘图仪输出图像，使用转换精度为8位的A/D转换器即可。

（四）图像处理机

一般计算机都是串行运算的，要处理二维图像很费时间。在要求较高的场合，可以设置一种专用的图像处理机，以缩短计算时间。图像处理只是对图像数据做一些简单、重复的预处理，数据进入计算机后再进行各种运算。

四、听觉传感器

听觉传感器也是机器人的重要感觉器官之一。由于计算机技术及语音学的发展，现在已经实现了用听觉传感器代替人耳，通过语音处理及识别技术识别讲话人，还能正确理解一些简单的语句。人用语言指挥机器人比用键盘指挥机器人更方便。机器人对人发出的各种声音进行检测，执行向其发出的命令，如果是在危险时发出的声音，机器人还必须对此做出反应。听觉传感器实际上就是麦克风，过去使用的基于各种各样原理的麦克风，现在则已经变成了小型、廉价且具有高性能的驻极体电容传声器。

在听觉系统中，最重要的是语音的识别。在识别输入的语音时，可以分为特定人说话方式及非特定人说话方式，特定人说话方式的识别率比较高。为了便于存储标准语音波形及选配语音波形，需要对输入的语音波形频带进行适当的分割，将每个采样周期内各频带的语音特征能量抽取出来。

五、安全传感器

安全传感器是指能感受（或响应）规定的被测量并按照一定规律转换成可用信号输出的器件或装置。它由直接响应于被测量的敏感元件和产生可用信号输出的转换元件以及相应的电子线路所组成。符合安全标准的传感器称为安全传感器。图4-26所示为安全传感器系统应用示意图。安全传感器产品分为安全开关、安全光栅、安全门系统。想让工业机器人与人进行协作，首先要保证作业人员的安全，从摄像头到激光等，目的只有一个，就是告诉机器人周围的状况。最简单的例子就是电梯门上的激光安全传感器，当激光检测到障碍物时，门会立即停止并倒退，以避免碰撞。

图4-26　安全传感器系统应用示意图

4.4 辨识焊接工业机器人传感器系统

一、任务目标

1. 认识焊接工业机器人各种类型的传感器。
2. 说出设备上各种传感器的名称和作用。

二、任务描述

学生学完工业机器人传感器系统后，老师带领学生走进智能工厂。老师事先介绍这家工厂工业机器人的平面位置图，要求分小组辨识工业机器人的各种传感器。学生接到任务后，根据任务要求准备工具和仪器仪表，做好进入工作现场的准备。

三、任务准备

（一）小组分工

根据班级规模将学生分成若干个小组，每组以5~6人为宜，并讨论推荐1人为小组长，负责本组工作计划制订、具体实施、讨论汇总及统一协调；推荐1人为记录员，填写本小组工作任务及相关记录表；推荐1人为汇报人，负责本小组工作情况汇报交流；推荐1人为材料管理员，负责材料领取、分发、归还等。小组成员及分工安排表见表4-2。

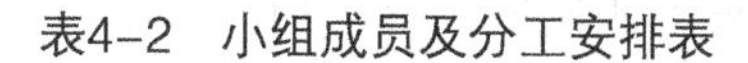

表4-2 小组成员及分工安排表

小组长	记录员	材料管理员	汇报人	成员1	成员2

（二）工、量具和材料准备

为完成工作任务，每个工作小组需要准备工、量具，文具和材料等。凡属借用的，在完成工作任务后及时归还。工作任务准备清单见表4-3。

表4-3 工作任务准备清单

序号	名称	规格型号	单位	数量	是否自备	申领（借用人）

四、任务计划（决策）

1. 根据小组讨论内容，在下面图框内绘制参观路径。

2. 以框图的形式说明观察工业机器人传感器的顺序。

五、任务实施

在表4-4中填写焊接机器人的传感器名称及作用。

表4-4　焊接机器人传感器一览表

序号	传感器名称	作用

六、任务检查(评价)

1. 各小组汇报人展示绘制的焊接机器人传感器图(利用投影仪),并说明过程。
2. 小组其他人员补充。
3. 其他小组成员提出建议。
4. 填写评价表,见表4-5。

表4-5 评价表

小组名称		小组成员					
评价项目	评价内容		本组自评	组间互评	教师评价	权重	得分小计
职业素养	1. 遵守规章制度 2. 按时完成工作任务 3. 积极主动承担工作任务 4. 注意人身安全、设备安全 5. 遵守“6S”规则 6. 发挥团队协作精神,专心、精益求精					0.3	
专业能力	1. 工作准备充分 2. 绘制传感器位置正确、齐全,图面清晰 3. 能完整、正确地说明传感器的作用,能指出并及时纠正错误					0.5	
创新能力	1. 方案和计划可行性强 2. 提出自己的独到见解及其他创新					0.2	
合计							
描述性评价							

七、任务拓展

网上搜寻某生产线上工业机器人,并说明该生产线上的机器人传感器种类及作用。

思考与练习

一、填空题

1. 现代信息技术的基础是________、________、________,传感器技术属于________。

2. 工业机器人所要完成的任务不同,配置的传感器类型和规格也不相同,一般分为________、________。

3. 工业机器人传感器的一般要求是__________;__________;__________;__________;__________。

4. 内部传感器用来确定机器人在________的姿态位置,是完成机器人运动控制所必需的传感器。

5. 外部传感器是用来________机器人所处环境、外部物体状态或机器人与________的关系，可分为________、________、________、________、________、________等传感器。

6. 旋转编码器是把连续输入轴的________同时进行________和________处理后予以输出，分为________、________两种。

7. 机器人触觉可分成________、________、________和力觉四种。

8. 接近觉传感器可分为6种：________、________、________、________、超声波式和红外线式。

9. 压觉传感器的类型很多，如________、光电型、________、________、压磁型、光纤型等。

10. 工业机器人的视觉系统可分成________、________、________、图像处理机几个部分。

11. 图像传感器有两种，即________和________，________成像品质较高。

12. 机器人的力传感器分为________、________、指力传感器三类。

二、选择题

1. 用于检测物体接触面之间相对运动大小和方向的传感器是(　　)。
   A. 接近觉传感器　　B. 接触觉传感器
   C. 滑动觉传感器　　D. 压觉传感器

2. 用来检测机器人与地面相对关系的传感器是(　　)。
   A. 接近觉传感器　　B. 接触觉传感器
   C. 滑动觉传感器　　D. 姿态传感器

3. 机器人外部传感器不包括(　　)传感器。
   A. 力或力矩　　B. 接近觉　　C. 触觉　　D. 位置

4. 接触觉传感器主要指(　　)。
   A. 机械式　　B. 弹性式　　C. 光纤式　　D. 感应式

5. 工业机器人的视觉系统可以分为(　　)等几个阶段。
   A. 图像输入　　B. 图像处理　　C. 图像理解　　D. 图像储存
   E. 图像输出

6. 用于远距离检测的接近觉传感器是(　　)。(选两个)
   A. 电磁式　　B. 光电式　　C. 电容式　　D. 气压式
   E. 超声波式　　F. 红外线式

三、判断题

1. 位置传感器主要采用测速发动机。(　　)

2. 接近觉传感器是指机器人手接近对象物体的距离为几米远时，就能检测出对象物体表面的距离、斜度和表面状态的传感器。(　　)

3. 光学式增量型旋转编码器旋转时，有相应的脉冲输出，其旋转方向的判别和脉冲数

量的增减需借助后部的判相电路和计数器来实现。（　　）

4. 视觉传感器是将景物的光信号转换成电信号的器件。（　　）

5. 摄像机对景物取景时没必要手动调节光圈的焦点。（　　）

四、简答题

1. 工业传感器的一般要求有哪些？
2. 工业机器人压觉传感器的主要作用是什么？
3. 工业机器人的力觉是指什么？它分为哪几类？
4. 工业机器人接近觉传感器有哪些用处？
5. 工业机器人的视觉系统是如何工作的？它通常应用在哪些方面？

项目五　走进工业机器人职场

本项目主要让同学们通过调查分析，了解工业机器人的市场需求和发展前景，明晰工业机器人应用与维护专业学习目标，坚定专业理想，科学合理地制订职业生涯规划，为学好专业知识和技能做好心理准备。

扫码看本项目 PPT

5.1 工业机器人应用领域的市场调查

一、任务目标

1. 通过小组合作的方式，设计问卷、走访企业，进行工业机器人应用领域的市场调查。
2. 个人通过网络查询，了解工业机器人国内外的应用领域。
3. 以小组为单位，写出工业机器人应用领域的调研报告。

二、任务描述

学生在了解工业机器人的基础知识后，学校联系相关企业，让学生走进企业，进行市场调研，充分了解本行政区域内企业工业机器人的应用情况和市场需求。让学生走进图书馆、上网查阅相关工业机器人的应用领域和发展前景。要求学生接到本任务后，根据任务要求，做好下企业调研的准备工作，然后进入现场，严格遵守作业规范进行参观与访谈，填写相关表格后撰写调研报告。

三、任务准备

（一）小组分工

根据班级规模将学生分成若干个小组，每组以3~4人为宜，并讨论推荐1人为小组长，负责本组工作计划制订、具体实施、讨论汇总及统一协调；推荐1人为汇报人，负责调查情况的交流汇报。小组成员及分工安排见表5–1。

表5–1　小组成员及分工安排表

小组长	汇报人	成员1	成员2	成员3

（二）了解走访企业

将每个小组计划调研的单位名称、性质、主要产品、访谈时间、访谈人员、联系人员电话填入表5–2中。

表5–2　调研单位情况表

单位名称	性质	主要产品	访谈人员	联系电话	预约时间

四、任务计划(决策)

在小组讨论基础上,共同完成工业机器人专业应用领域调研问卷,见表5-3。

表5-3 工业机器人专业应用领域调研问卷

被访者姓名		被访者电话	
被访者单位			
被访者职务		访谈地点	
访问人		记录人	
引导问题 1	请谈谈您目前的工作情况(如入职期限、任职、日常工作等)。		
回答记录			
引导问题 2	请您谈谈这家企业的基本情况(如基本运营、核心业务、企业战略等)。		
回答记录			
引导问题 3	您所在企业的机器人有哪些品牌?有多少?		
回答记录			
引导问题 4	请您谈谈企业的工业机器人主要应用在哪些地方。		
回答记录			
引导问题 5	请您谈谈企业应用工业机器人的优缺点。		
回答记录			
引导问题 6	请您谈谈企业用工业机器人之后,原先的员工去哪里了。		
回答记录			
引导问题 7	从您的专业角度看,请谈谈工业机器人的发展情况(现状、发展、未来趋势)。		
回答记录			
引导问题 8			
回答记录			
引导问题 9			
回答记录			
引导问题 10			
回答记录			

五、任务实施

1. 根据设计的工业机器人专业行业调研问卷进行相关的提问及记录。
2. 针对调研的结果进行数据分析。
3. 撰写调研情况报告。
4. 组内和组间进行交流汇报。

对调研结果从以下几个方面进行分析：工业机器人发展现状与发展趋势、产业需求情况、主要应用领域、发展瓶颈、发展前景，并把工业机器人行业发展情况的报告粘贴在下面空白处。

六、任务检查(评价)

1. 各小组汇报人展示调查过程、方法和结果。
2. 小组其他人员补充。
3. 其他小组成员提出建议。
4. 开展自我评价、小组互评、教师评价,任务评价见表5-4。

表5-4 任务评价表

小组名称		小组成员				
项目	评价内容	配分	本组自评	组间互评	教师评价	得分小计
职业素养	1. 积极参与调研活动 2. 认真聆听访谈者的谈话 3. 能用礼貌用语与人交流 4. 穿着打扮得体、大方 5. 团队协作精神,专心、精益求精	30				
专业能力	1. 工作准备充分 2. 调研数据翔实,内容丰富 3. 报告完整,分析到位	40				
创新能力	1. 方案和计划可行性强 2. 提出自己的独到见解及其他创新	30				
合计						
描述性评价						

七、任务拓展

网上搜寻我国工业机器人的发展及就业领域,并进行分析小结。

5.2 工业机器人应用与维护专业人才需求的调研

一、任务目标

1. 制订工业机器人应用与维护专业人才需求的调研工作计划，并参加企业调研。
2. 通过查阅资料了解工业机器人应用与维护专业的社会需求情况和发展前景。
3. 通过调研树立专业学习信心，增加专业学习动力。

二、任务描述

工业机器人的诞生和机器人学的建立及发展，是20世纪自动控制领域最具说服力的成就，是20世纪人类科学技术进步的重大成果。工业机器人的应用已经成为促进世界制造业发展的重要方式，作为工业机器人应用与维护专业的学生，必须了解工业机器人应用与维护专业的人才需求情况。通过企业调研和网络搜索，整理形成“工业机器人应用与维护专业人才需求”专题报告，建立工业机器人应用与维护专业的职业认同感，为专业学习打下良好的基础。

三、任务准备

（一）小组分工

根据班级规模将学生分成若干个小组，每组以3~4人为宜，并讨论推荐1人为小组长，负责本组工作计划制订、具体实施、讨论汇总及统一协调；推荐1人为汇报人，负责调查情况的交流汇报。小组成员及分工安排见表5-5。

表5-5　小组成员及分工安排表

小组长	汇报人	成员1	成员2	成员3

（二）调研途径和方法

一般进行调查研究，可以通过网络调研、企业调研、专家研讨、专业文献等几种途径，以小组为单位讨论说明各有什么优缺点，并填写在表5-6中。

表5-6 收集资料的途径比较

调研方法	优 点	缺 点	注意事项
网络调研			
企业调研			
专家研讨			
专业文献			

（三）了解走访企业

将每个小组计划调研的单位名称、性质、主要产品、访谈时间、访谈人员、联系人员电话填入表5-7中。

表5-7 调研单位情况表

单位名称	性 质	产品类型	访谈人员	联系电话	预约时间

四、任务计划（决策）

明确了解企业情况，学生设计引导问题，主要从以下几个方面调研基本信息，见表5-8。

表5-8 调研的基本信息

被访者姓名		被访者电话	
被访者单位			
被访者职务		访谈地点	
访问人		记录人	
引导问题1	请谈谈您目前的工作情况（如入职期限、任职、日常工作等）。		
回答记录			
引导问题2	请您谈谈这家企业的基本情况（如基本运营、核心业务、企业战略等）。		
回答记录			

续表

引导问题3	您所在企业有多少员工,从事工业机器人应用与维护的人员有多少?
回答记录	
引导问题4	请您谈谈目前从事工业机器人应用与维护人员中由自己企业培养的有多少，毕业生来自哪些学校。
回答记录	
引导问题5	您认为培养工业机器人应用与维护专业人员可从哪几方面入手。
回答记录	
引导问题6	您觉得企业内的技术工人还欠缺哪些方面的能力。
回答记录	
引导问题7	从您的专业角度看,请您谈谈工业机器人的发展情况(现状、发展、未来趋势)。
回答记录	
引导问题8	您认为对于工业机器人应用与维护专业人才主要需求哪些方面的素质和能力。
回答记录	
引导问题9	您认为培养工业机器人应用与维护专业人才需要开设的课程有哪些。
回答记录	
引导问题10	
回答记录	

五、任务实施

1. 根据设计的工业机器人专业行业调研问卷进行相关的提问及记录。
2. 针对调研的结果进行数据分析。
3. 撰写调研情况报告。
4. 组内和组间进行交流汇报。

按照任务计划进行调研,并把计划中没考虑到的情况记录在下面空白处。

六、任务检查(评价)

1. 各小组汇报人展示调查过程、方法和结果。
2. 小组其他人员补充。
3. 其他小组成员提出建议。
4. 开展自我评价、小组互评、教师评价,任务评价见表5-9。

表5-9 任务评价表

小组名称		小组成员				
评价项目	评价内容	配分	本组自评	组间互评	教师评价	得分小计
职业素养	1. 积极参与调研活动 2. 认真聆听访谈者的谈话 3. 能用礼貌用语与人交流 4. 穿着打扮得体、大方 5. 团队协作精神,专心、精益求精	30				
专业能力	1. 工作准备充分 2. 调研数据翔实,内容丰富 3. 报告完整,分析到位	40				
创新能力	1. 方案和计划可行性强 2. 提出自己的独到见解及其他创新	30				
合计						
描述性评价						

七、任务拓展

请分析未来5年工业机器人行业专业人才需求情况。

5.3 工业机器人专业人员职业生涯规划

一、任务目标

1. 通过小组合作的方式,制订个人的职业生涯规划。

2. 通过咨询老师或查询网络及聆听专家讲座等,结合自身实际,完成个人的职业生涯规划。

二、任务描述

在老师的指导下,制订个人的职业生涯规划。通过小组讨论,确定邀请的专家和讲座的方式,在聆听专家讲座后,参考专家的意见,结合自身性格、兴趣和特长,制订个人的职业生涯规划,逐渐建立对工业机器人应用行业的职业认同感。

三、任务准备

现在的你或已经就业的你一定会有这样的困惑:“我会干什么?我该干什么?”专业地说,就是你对“职业”的困惑。相信完成本次任务后,你一定会有收获的。那么,什么是职业生涯规划呢?你听说过职业生涯规划吗?在回答这个问题之前,请你先完成下面的问题:

1. 你的兴趣是什么?

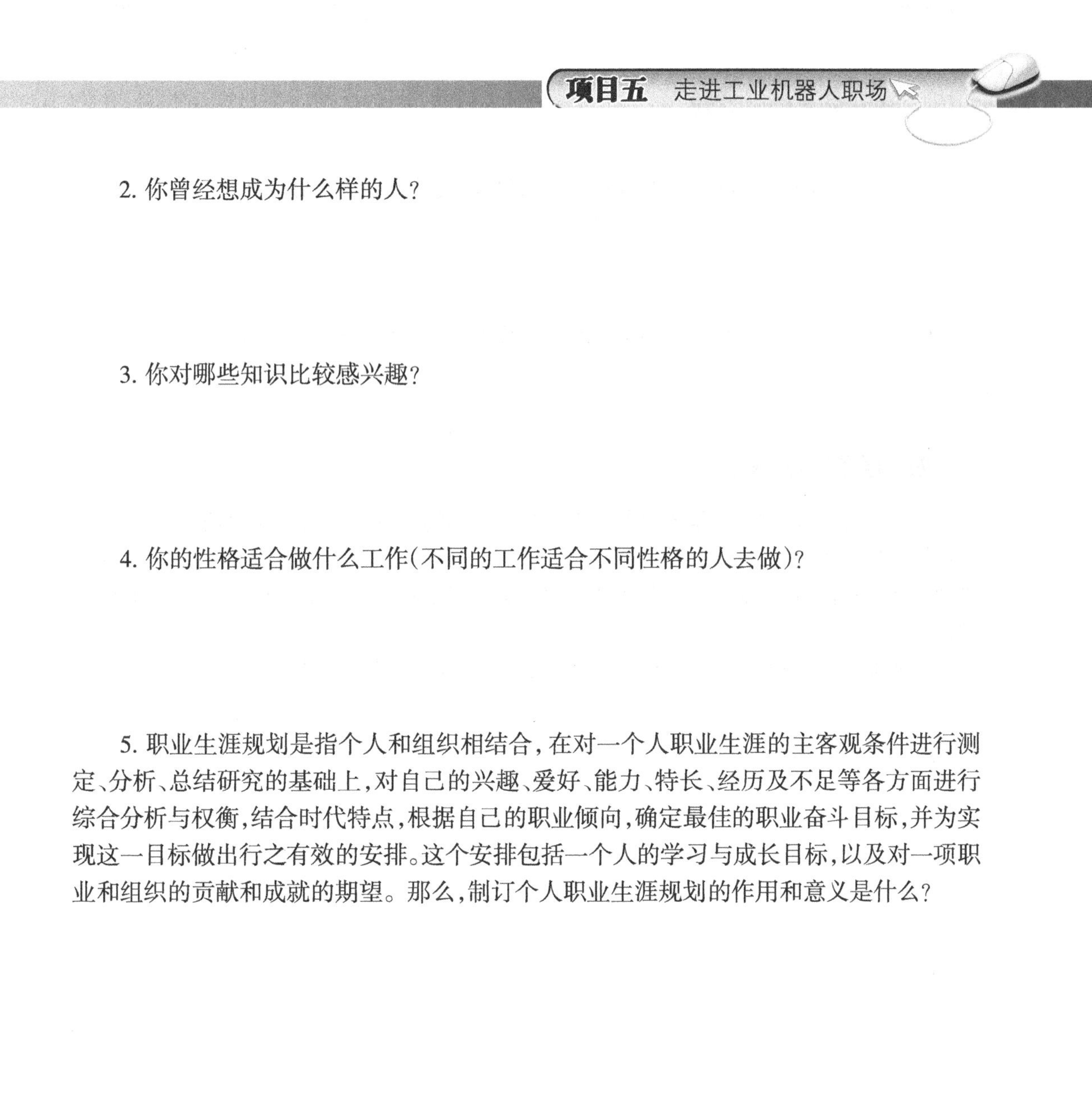

2. 你曾经想成为什么样的人?

3. 你对哪些知识比较感兴趣?

4. 你的性格适合做什么工作(不同的工作适合不同性格的人去做)?

5. 职业生涯规划是指个人和组织相结合，在对一个人职业生涯的主客观条件进行测定、分析、总结研究的基础上，对自己的兴趣、爱好、能力、特长、经历及不足等各方面进行综合分析与权衡，结合时代特点，根据自己的职业倾向，确定最佳的职业奋斗目标，并为实现这一目标做出行之有效的安排。这个安排包括一个人的学习与成长目标，以及对一项职业和组织的贡献和成就的期望。那么，制订个人职业生涯规划的作用和意义是什么?

回答完上面的问题，再问问自己:“我对自己未来的职业有什么设想?”许多职业咨询机构和心理学专家在进行职业咨询和职业规划时常常采用5个“W”的思考模式，即共有以下5个问题:

1. Who am I?（我是谁?）

2. What can I do?（我会做什么?）

3. What will I do?(我想做什么?)

4. What does the stituation allow me to do?(环境支持或允许我做什么？)

5. What is the plan of my career and life?(我的职业与生活规划是什么？)

四、任务计划(决策)

职业生命是有限的,如果不进行有效的规划,势必会造成生命和时间的浪费。作为工业机器人应用专业人才,倘若你带着一脸茫然踏入这个拥挤的社会,怎能满足社会的需要,使自己占有一席之地?因此,试着为自己拟订一份职业生涯规划,将自己的未来好好地设计一下。

1. 职业生涯规划书包含什么内容？请制作职业生涯规划书模板。

职业生涯规划书模板：

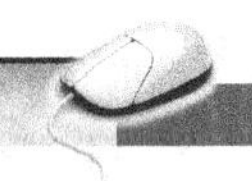

虽然我们尚未踏上工作岗位，对工业机器人这个行业的具体工作还不太熟悉，但在这个领域中有许多杰出的人士，让我们邀请其中一位专家来校开讲座或者到企业进行访谈，或许从他的成长经历中我们可以得到重要的启示。小组成员分工见表5-10。

表5-10 小组成员分工表

第________组分工表		
姓名	工作安排	备注
填写人(签名)：		年 月 日

2. 设计邀请专家讲座的邀请函或到企业访谈的意向书。对于如何制作邀请函和意向书，可以查资料或咨询老师。

请把你制作的邀请函或意向书粘贴在下面空白处：

五、任务实施

1.请仔细聆听专家的讲座，认真做好记录，填入表5-11中，并对本次讲座进行小结。

表5-11 讲座记录

<table>
<tr><td>讲座主题</td><td colspan="5"></td></tr>
<tr><td>专家</td><td></td><td>时间</td><td></td><td>地点</td><td></td></tr>
<tr><td>讲座内容记录</td><td colspan="5"></td></tr>
<tr><td>讲座小结及心得体会</td><td colspan="5"></td></tr>
</table>

2. 通过这次讲座,你了解自己了吗？请从自身的性格、兴趣、知识、技能和优势、劣势等方面进行自我分析。

3. 个人的发展离不开环境因素的影响，请从下面几个方面来对自己的职业生涯进行分析,见表5-12。

表5-12 个人职业生涯的环境因素

职业生涯规划人：

家庭环境分析（如经济状况、家人期望、家乡文化等）	
学校环境分析（如学校特色、专业学习、实践条件等）	
社会环境分析（如就业形势、就业政策、社会对专业的认可度等）	
职业环境分析（如行业现状及发展趋势、就业前景、工作环境、企业文化等）	
职业分析小结	

4. 现在你对自己的职业是否已经有了答案？请根据自我分析、职业分析两部分的内容确定自己的职业并完成你的职业生涯规划，见表5-13。

表5-13 个人职业生涯规划

职业生涯规划人：

计划名称	时间跨度	总目标	分目标	规划内容	策略和措施	备注
短期规划（三年规划）						
中期规划（毕业后五年规划）						
长期规划（毕业后十年或以上规划）						

六、任务检查（评价）

1. 各小组汇报人展示本组的最好职业生涯规划书。
2. 小组其他人员补充。
3. 其他小组成员提出建议。
4. 自我评价表，见表5-14。

表5-14 自我评价表

小组名称		小组成员					
评价项目	评价内容		配分	本组自评	组间互评	教师评价	得分小计
职业素养	1. 认真聆听讲座，并做好记录 2. 能用礼貌用语与人交流 3. 穿着打扮得体、大方 4. 团队协作精神，专心、精益求精		30				

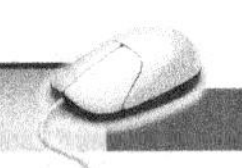

续表

小组名称		小组成员					
评价项目	评价内容		配分	本组自评	组间互评	教师评价	得分小计
专业能力	1. 自我分析透彻 2. 职业分析到位 3. 职业生涯规划具体，内容丰富		40				
创新能力	1. 职业生涯规划内容有创新 2. 职业生涯规划形式（规划书、汇报方式等）创新		30				
合计							
描述性评价							

七、任务拓展

请预测自己未来的专业发展情况。

思考与练习

一、填空题

1. 恰当的__________，就是我们漫漫职业生涯路途中的灯塔，指引我们走向成功。

2. 职业生涯规划是指____________和____________相结合，在对一个人职业生涯的____________进行测定、__________、__________的基础上，对自己的____________、__________、__________、__________、经历及不足等各方面进行综合分析与权衡，结合时代特点，根据自己的职业倾向，确定最佳的职业奋斗目标，并为实现这一目标做出行之有效的安排。

3. 职业生涯发展目标是指个人在选定的__________内，________________所要达到的具体目标。

4. 按时间分，职业生涯发展目标可分为____________、____________，____________。

5. 对调研结果可以从以下几个方面进行分析：工业机器人发展现状与____________、______、主要应用领域、________________、________________。

6. 我国工业机器人应用与维护专业的就业领域有______________、______________、____________和____________。（写主要的）

二、选择题

1. 工业机器人市场调查首先要解决的问题是(　　)。
   ① 确定调查方法 ② 选定调查对象 ③ 明确调查目的 ④ 解决调查费用
   A. ①④　　B. ①②　　C. ③　　D. ②

2. 在市场调研中，收集资料的途径有(　　)。
   ① 网络调研 ② 企业调研 ③ 专业讲座 ④ 专家研讨 ⑤ 专业文献
   A. ①②　　B. ①②③　　C. ①③④　　D. ①②③④⑤

3. 职业生涯的影响因素有(　　)。
   ① 家庭 ② 学校 ③ 社会 ④ 个人综合素质 ⑤ 职业
   A. ①②③④⑤　　B. ①②③⑤　　C. ①③④⑤　　D. ②③④⑤

4. 你认为职业生涯规划中短期规划一般指(　　)。
   ① 三年 ② 五年 ③ 十年 ④ 十五年
   A. ①　　B. ②　　C. ③　　D. ④

5. 以下(　　)属于职业素养。
   ① 认真聆听讲座，并做好记录 ② 能用礼貌用语与人交流 ③ 穿着打扮得体、大方 ④ 团队协作精神，专心、精益求精

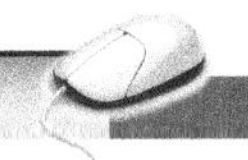

A. ①②③④　B. ①②③　C. ①④　D. ②③

三、判断题

1. 工业机器人专业市场调查只要在网络上就可以收集到足够的资料。（　）
2. 一个人在规划好职业生涯后就应该一成不变地照着做。（　）
3. 工业机器人到来后，人类都将失业。（　）
4. 你的兴趣、爱好、能力、特长等都影响你的职业生涯。（　）
5. 职业生涯规划书可以包含自我分析、专业分析、职业分析和职业生涯目标的确立等。（　）

四、简答题

1. 工业机器人市场调查的主要任务是什么？
2. 工业机器人的市场需求是什么？
3. 工业机器人应用与维护的就业领域有哪些？
4. 你对自己的未来发展有什么规划？

参考文献

[1] 王保军,滕少峰. 工业机器人基础[M]. 武汉:华中科技大学出版社,2015.

[2] 兰虎. 工业机器人技术及应用[M]. 北京:机械工业出版社,2014.

[3] 王茂森,戴劲松,祁艳飞. 智能机器人技术[M]. 北京:国防工业出版社,2015.

[4] 叶晖,管小清.工业机器人实操与应用技巧[M]. 北京:机械工业出版社,2010.

[5] 安德里亚·福尼. 机器人新时代[M]. 潘苏悦,译. 北京:机械工业出版社,2016.

[6] 张善燕. 工业机器人应用与维护职业认知[M]. 北京:机械工业出版社,2013.

[7] 李世存. 一体化课程教学改革技术指导手册[M]. 杭州:浙江科学技术出版社,2014.

[8] 郭洪红. 工业机器人运用技术[M]. 北京:科学出版社,2008.

[9] 余成波.传感器与自动检测技术[M]. 北京:高等教育出版社,2009.

[10] 张玫,邱钊鹏,诸刚. 机器人技术[M]. 北京:机械工业出版社,2011.

[11] 谢存禧,张铁. 机器人技术及其应用[M]. 北京:机械工业出版社,2005.

[12] 张涛. 机器人引论[M]. 北京:机械工业出版社,2010.